U0042510

馥林
文化

用AVR微電腦與Python開始做

IoT裝置的設計與實裝

利用AVR微電腦與
開放原始碼程式館
來實裝
Internet of Things

AVRマイコンとPythonではじめようIoTデバイス設計・実装

武藤 佳恭[著]
Yoshiyasu Takefuji

永佳[譯]

前言

近年來，IoT（Internet of Things）正受到眾人的矚目。顧名思義，所謂 IoT 裝置就是機器之間可以經由網路互相溝通的電子儀器（裝置或是設備）。人與人之間的溝通可以經由電話、社交軟體、電子郵件等達成，而我們也即將進入 IoT 裝置之間不假人手、自行溝通的時代。網路上可以找到各種 IoT 的相關雜誌報導，但是製作 IoT 裝置的解說類書籍卻並不多．本書作為 IoT 裝置設計的實務類入門書籍，是以設計 IoT 裝置的企業工程師及電子工作者為主要讀者。本書將以實際案例為中心，以淺顯易懂的方式解說 IoT 裝置的設計與實裝。硬體上採用了被用於 Arduino 的高泛用性 AVR 微電腦，應用程式語言則採用了在初學者間有相當好評的 Python。而 Python 中有著來自全球的許多開放原始碼的程式館（Library）與封包。

舉例來說就有以下三種：

實際使用於自動駕駛等技術的開放原始碼影像處理封包「OpenCV」、
應用了人工智慧技術的開放原始碼機器學習封包「scikit-learn」、
被使用於大數據統計分析的「statsmodels」。

其他還有嵌入模仿人類大腦功能的深度學習（深度神經網路）等困難算法的開放原始碼封包。

本書重視的是程式館的使用方法，就算讀者們不能理解開放原始碼封包內所使用的困難算法及內容，也可以做到 IoT 裝置的設計與實裝。

比較麻煩的一點，在於 IoT 裝置所不可或缺的雲端存取需要複雜的 OAuth 2.0 認證；然而，只要使用開放原始碼程式館（pydrive）就可以簡單地得到 OAuth 2.0 認證。

網路上有許多 AVR 微電腦的相關資訊，但是對初學者而言，有幾個地方較容易卡關。本書會一邊指出初學者較易卡關的重點，一邊淺顯易懂地說明解決方式。另外，不只是 AVR 微電腦，我們還會說明使用 32 位元 ARM 微電腦（Raspberry Pi2）藉由 3G 或 LTE 通訊來進行 IoT 裝置設計與實裝。

設計與實裝 IoT 裝置應用程式需要依以下 4 個步驟進行：

1. 整理出希望用 IoT 裝置解決什麼樣的問題（找出問題）。
2. 考慮各種開放原始碼程式館，大致上將 IoT 裝置與應用程式分類（大概地解決問題）。
3. 以開放原始碼程式館為基礎選擇感測器與驅動器，完成 IoT 裝置設計（這樣就解決了 IoT 裝置的設計）。
4. 利用開放原始碼程式館 Python 完成 IoT 裝置的應用程式（這樣就解決了應用程式的設計）。

當卡住的時候，會不斷重復以上 4 個步驟；但是一旦習慣之後，就會練出分辨使用開放原始碼的眼力，遇到問題也就能比較簡單地解決了。

簡單來說，本書的特徵為以下 3 點：

- 只要能學會本書的內容，靈活運用 AVR 微電腦（Arduino）、Raspberry Pi2 嵌入系統（Linux）、各種感測器、開放原始碼軟體，就算不懂迴路設計知識、感測器特性、通訊協定等困難的內容，只要學會了靈活運用開放原始碼的方法，就算沒有基礎知識的初學者也可以在短時間內學會 IoT 裝置的設計與實裝。
- 利用 Python 開放原始碼程式館的 scikit-learn 與 OpenCV 等封包，就算不懂內容的初學者，也可以把最近蔚為話題的大數據、人工智慧、機器學習、影像處理功能等嵌入系統，並做出想要的系統。請將本書中所介紹的 Python 程式館作為構築系統的零件來靈活運用。
- 本書的目的是讓各位讀者練就分辨使用開放原始碼的眼光。

安裝前為了以防萬一，重要檔案一定要備份，這是鐵則。為了練就分辨使用開放原始碼的眼光，請儘量挑戰。

2015 年 8 月

作者謹識

※ 本書中的資訊為 2015 年 8 月當時的資訊。

目　錄

Chapter 1

IoT 裝置設計所需的開發環境

在 IoT 裝置中運作的軟體（IoT 裝置的軟體稱為韌體）是利用 Arduino 環境在 Linux 上開發，而啟動 IoT 裝置的應用程式是用名為 Python 的程式語言在 Windows 上開發並執行。在本書中則是用 VMware Player（參照 1.1 節）或是 VM VirtualBox（參照 1.1.1）等虛擬化軟體在 Windows 上安裝 Linux（Ubuntu）。

Chapter 1 會解說如何構築出設計 IoT 裝置所需的開發環境。已經整備好這種開發環境的讀者，可以掃過一遍，確認一下版本就進入 Chaper 2。

Chapter 1 的結構如下所示。

1.0　網路搜尋技巧
1.1　使用 VMware Player 安裝客體作業系統（Ubuntu）
　1.1.1　使用 Oracle VM VirtualBoxx 來安裝
1.2　在客體作業系統 Ubuntu 中構築 Arduino 開發環境
　1.2.1　錯誤（errors）的基本處理方式與刪除不需要的 Windows 檔案
　1.2.2　Linux 的 update 與 upgrade
　1.2.3　Cygwin 的安裝
　1.2.4　Python 程式館的安裝
1.3　AVR 寫入器的製作
1.4　使用 AVR 寫入器來寫入 AVR 微電腦

虛擬機器上的 Ubuntu 及 Debian 是為了生成 Arduino 的 hex 檔案而使用。應用程式則是用 Cygwin（Windows）或 Rasberry Pi2（Debian）來執行。

圖 1.1　開發環境

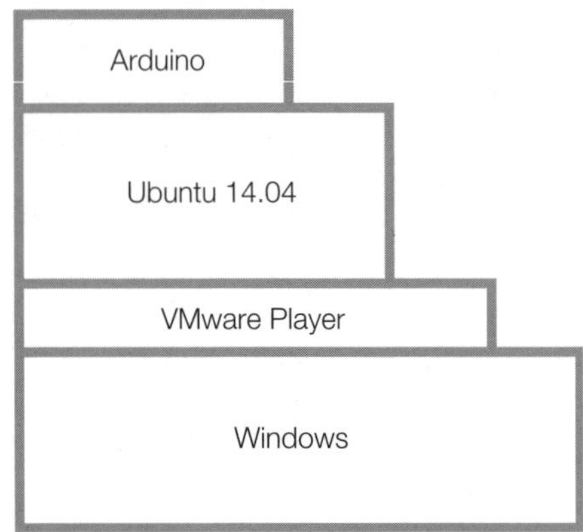

為了靈活運用開放原始碼軟體，首先要解說必要軟體的找尋方法與使用方法。然後會解說軟體與硬體的配合方式，一般來說是由軟體控制硬體。IoT 裝置開發時要利用 Arduino 開發環境，並最大限度地靈活運用開放原始碼。習慣之後，可以在 1 小時以內就完成 IoT 裝置的開發。

最常被使用的 IoT 裝置軟體開發方式分為以下 4 個步驟。

1. 決定要用 IoT 裝置做什麼。IoT 裝置的功能要盡可能單純，較難的部分就交給應用程式軟體。
2. 為了找到合適的開放原始碼程式館，先在網路上搜尋過後，再選定硬體零件（感測器或驅動器）。硬體零件的選擇依 Arduino 程式館的有無與其充實度而定。當然，在選定零件後，如果能搜尋到合適的 Arduino 程式館也可以。
3. 參考選好的程式館的 sketches（xxx.ino 檔案 †1 被稱為 sketch）並完成 sketch。做得好的程式館除了程式館（`xxx.cpp` 與 `xxx.h`）之外，還會有多個做為參考例子的 `sketchxxx.ino`。
4. 「`make`」後，生成 `xxx.hex`。下載 Makefile，在同一個資料夾裡準備程式館（`xxx.cpp` 與 `xxx.h`）與 `xxx.ino`，只要執行 `make` 指令的話，就可以簡單地生成 IoT 裝置的韌體 `xxx.hex`。為了做到以上的動作，要在 Windows 上的 `VMware Player` 等處安裝 `Ubuntu`，在 `Ubuntu` 上設定 Arduino 環境，再從下列網站下載 `Makefil`

† 1　ino 檔案：Arduino 用的軟體名稱。副檔名為「ino」。

http://web.sfc.keio.ac.jp/~takefuji/Makefile

IoT 裝置的應用程式開發是以名為 Python 的程式語言為中心。Python 中有各種開放原始碼的程式館，我們要從中選擇適合自己應用程式的程式館來進行開發。只要將 Python 的基本程式館再加上方便的程式館，就可以用簡短的程式完成想要的系統。程式越短，除錯就越輕鬆。

Python 一開始可能比較難以理解，但是因其具備優秀的可讀性，所以在看許多案例的過程中就能逐漸理解了。雖然文法也很重要，但是請稟持著「習慣重於學習」的精神來開發吧！

首先為各位介紹何謂 Python 程式，以及如何利用 Python。尚未整備好開發環境的讀者可能還不能確認是否執行成功，請先看文章內容來想像吧！在 Python 使用程式館時，只要加入 1 行 import 敘述即可。縮排在 Python 的語法中很重要，本書會用空格（space）及欄標（tab）來表現其結構。也就是說使用 Python 時，行與行的對齊非常重要。一開始先不要把 Python 中的結構所代表的意思想得太難，一邊參考程式案例，一邊慢慢理解即可。

原始碼 1.1（face.py）的案例是臉部辨識的 Python 程式。此處假定已事先在 Windows 安裝了 Python 與必要的程式館。另外為了有彈性地執行指令，假定已安裝有 Cygwin。如果是 Linux，就能簡單地安裝 Python 程式館。如果是 Windows，建議大家安裝執行碼（binary）。

在本案例中使用了 2 個 Python 程式館（sys 與 cv2）：cv2 是有名的開放原始碼封包 OpenCV，是用來畫面處理的程式館；def 是 definition（函數定義）。利用 box（rects,img）函數將找到的臉部以方框來表示。printlen（rects）函數是表示找到的臉部的數目，臉部辨識用的經驗學習檔案已經事先從下列網站下載了。

https://raw.githubusercontent.com/sightmachine/SIM 卡pleCV/master/SIM 卡pleCV/Features/HaarCascades

▼原始碼 1.1 臉部辨識的 Python 程式（face.py）

```
import sys,cv2
def detect(path):
    img = cv2.imread(path)
    cascade = cv2.CascadeClassifier("face_cv2.xml")
    rects = cascade.detectMultiScale( \
         mg, 1.0342, 6, cv2.cv.CV_HAAR_SCALE_IMAGE, (20,20))
    if len(rects) == 0:
        return [], img
    rects[:, 2:] += rects[:, :2]
    return rects, img
def box(rects, img):
    for x1, y1, x2, y2 in rects:
      cv2.rectangle(img, (x1, y1), (x2, y2), (127, 255, 0), 2)
    cv2.imwrite('detected.jpg', img);
rects, img = detect(str(sys.argv[1]))
box(rects, img)
print len(rects)
```

以 http://www.awaji-info.com/seijin2006/seidan.JPG 檔案來嘗試運行這個程式後，得到 148。因為似乎無法辨識右上方頭部傾斜的人，實際上應該是 149 人。

下載 face_cv2.xml 後，以下列指令下載 face.py。

```
$ wget http://web.sfc.keio.ac.jp/~takefuji/face.py
$ python -i face.py
148
```

如果出現錯誤訊息，則有可能是沒有完成必要程式館的安裝，或是沒有安裝適合的程式館。

只要學到如何找尋適合的 Python 程式館以及靈活運用程式館的方法，就能在短時間內做出想要的應用程式。也就是說，只要學到網路搜尋技巧，就可以最大限度地靈活運用開放原始碼，並在短時間內開發出應用程式。

根據 Arduino 程式館來選定 IoT 裝置的零件（感測器與驅動器），並靈活運用 Python 開放原始碼程式館來完成目標 IoT 裝置的應用程式。使用何種開放原始碼程式館會決定 IoT 裝置開發的時間與性能，也會體現各位讀者的開發能力。

1.0 網路搜尋技巧

這一節的指令執行案例需要先安裝 Cygwin（1.2.3）、Python（4.1.1）與程式館（1.2.4）。

各位讀者平常是怎麼利用網路搜尋資訊的呢？如果只是單純地並列幾個想搜尋的單詞，那就太可惜了。

搜尋關鍵字分為單詞（words）與詞組（phrases），例如輸入「redtape」的話，會以 2 個單詞，即 red 與 tape 來搜尋。如果用 "" 把單詞給框起來，就會以 1 個詞組「"redtape"」來搜尋。

另外，搜尋並不只有查詢關鍵字是否一致，還可以進行邏輯運算。邏輯運算除了有 +（包含）／ -（不包含）功能之外，還有 and ／ or，更有網域搜尋（site:xxx）與檔案類型搜尋（filetype:xxx）。

還有，全部的搜尋對象檔案都可以標上 Julian Date（太陽日期）的標籤。所謂太陽日期，是從西元前 4713 年 1 月 1 日正午（國際標準時間）所計算而來的日數。太陽日期變換可以用下列工具計算。

http://aa.usno.navy.mil/data/docs/Julian Date.php

也可以從 Python 安裝。請以 Cygwin 終端機執行下列指令。

```
$ pip install jdcal
$ wget http://web.sfc.keio.ac.jp/~takefuji/jdate.py
$ python -i jdate.py
enter: y m d 2015 4 5
2457117.5
>>>
```

舉例來說，進行以下搜尋。

搜尋例 1（2 單詞）

red tape

搜尋例 2（1 詞組）

"red tape"

搜尋例 3（2 單詞）

+red -tape

搜尋例 4（1 詞組與網域搜尋）

"red tape" site:gov

搜尋例 5（1 詞組與日時指定搜尋）（oct.17,2008-oct17,2009）

"red tape" daterange:2454756-2455121

搜尋例 6（1 詞組與檔案類型搜尋）

"red tape" filetype:pdf

網路搜尋就等於是集合了全世界的智慧。只要能巧妙地利用，就能找到自己想要的資訊。當不知道單詞 xxx 的時候，只要搜尋「xxx 是什麼」，就會顯示其說明。

在進行網路搜尋時有 2 個重點：第一點是站在發出資訊者的立場來搜尋；另一點是在搜尋前先自己想像一下搜尋的結果，從自己想像的結果來思考要用什麼關鍵字，然後再搜尋，這樣搜尋結果就只會是自己想像結果的說明。

另外，搜尋結果會一直變化。只要不死心地重覆好幾次一樣的搜尋，慢慢地想要的資訊就會出現。

比如說，用 google.co.jp 的日文搜尋與 google.com 的英語搜尋，搜出來的結果會不一樣。請自行嘗試各種不同的搜尋手法。

其他還有用關鍵字引出關鍵字、找出某個領域熱門關鍵字的技巧等各種搜尋技巧，此處因篇幅之故無法詳述。本書中會說明許多搜尋案例，加深各位對搜尋技巧的理解。

接下來介紹 Windows 上的 google 搜尋程式，它是使用 Python 來動作命令列。請以 Cygwin 終端機執行下列指令。Cygwin 的安裝請參照 1.2.3。

```
$ wget http://web.sfc.keio.ac.jp/~takefuji/pygsearch.py
$ pip install pygoogle
```

在這裡進行用命令列動作的 google 搜尋。每次搜尋間隔為 16 秒以上。

```
$ python -i pygsearch.py
enter: arduino st7032 site:google.com
```

接著讓我們來看看 pygoogle.py 的內容吧。

```
$ cat pygsearch.py
# -*- coding: utf-8 -*-
import sys,os
reload(sys)
sys.setdefaultencoding('utf-8')
from pygoogle import pygoogle
input=raw_input("enter: ")
r=pygoogle(input,pages=2)
print r.display_results()
os._exit(0)
```

r=pygoogle(input,pages=2)的 2 是 2 頁的意思。如果設為 pages=10，就是顯示 10 頁分量的資料。

接下來介紹 Google-Search-API Python 程式館。請在 Windows 由下列網站下載 Google-Search-API-master.zip。先在 cygwin/home/user-name 資料夾製作 tmp 資料夾後，再下載至 tmp 資料夾會比較方便 †2。

https://github.com/abenassi/Google-Search-API/archive/master.zip

打開 Cygwin 終端機，移動至下載的資料夾後，執行下列指令。

```
$ cd tmp
$ unzip Google-Search-API-master.zip
$ cd Google-Search-API-master
$ python setup.py install
```

然後執行下列指令。

```
$ ipython qtconsole
```

這樣會顯示 IPython 控制臺視窗，接著執行下列指令。

† 2 Windows 的 Explorer 或瀏覽器可自由存取安裝了 Cygwin 的資料夾 cygwin，但是原則上請勿存取 cygwin/home/user-name 之外的資料夾；另外，除了追加檔案進 cygwin/home/user-name 資料夾以及下載的動作以外，請勿從 Windows 進行操作，因為可能會不小心變更到 Cygwin 的重要檔案。

```
from subprocess import *
check_output('pwd')
from google import google,images
result=google.search("yoshiyasu takefuji")
result（顯示搜尋結果）
```

接下來搜尋藍色香蕉的影像。

```
options = images.ImageOptions()
options.image_type = images.ImageType.CLIPART
options.larger_than = images.LargerThan.MP_4
options.color = "green"
results = google.search_images("banana", options)
```

瀏覽器會自動跳出，並顯示藍色香蕉的影像。

1.1 使用 VMware Player 安裝客體作業系統（Ubuntu）

最近因為電腦性能的提升，在一臺電腦上同時操作 2 種以上的 OS 就變得可行了。本書是在主機作業系統（host OS）Windows 電腦上操作客體作業系統 Linux OS。為了有效地靈活運用開放原始碼軟體，要在 Linux 上構築 Arduino 環境，並且要以命令列開發 IoT 裝置的韌體（此指 IoT 裝置的軟體）。

只要從網路下載開放原始碼軟體的 sketch 與程式館，再加以若干變更，就可以完成 IoT 裝置。即使是要在 Windows 上制作較難的應用程式，只要用 Python 的開放原始碼軟體，也能在短時間內開發出來。本書的目的之一就是最大限度地活用開放原始碼軟體，徹底縮短開發時間。

我們要在 Linux 上生成 AVR 微電腦的韌體，並在 Windows 上開發 Python 應用程式。最大限度地發揮主機作業系統與客體作業系統兩者的優勢，將電腦作為開發母艦來靈活運用。不只是微軟的 Windows7 及 Windows8，蘋果的 Mac 也可以作為開發環境的母艦來使用。

但是，如果是從客體作業系統使用主機作業系統的裝置（Bluetooth 或攝影機），則有可能產生相容性的問題。本書是盡量在主機作業系統上操作 IoT 裝置的應用程式，幾乎不會產生這種問題。若是使用 Mac OS 從主機作業系統使用 Python 存取 Bluetooth 或攝影機時，就有可能發生問題。

考慮到在野外做實驗或是外出時的開發需求，本書中使用的電腦是可攜式的筆記型電腦，作業系統為 Windows7 或 Windows8，建議規格為 8GB 以上的主記憶體，256GB 以上的 SSD。需要注意的是，由於氣壓的關係，硬碟在構造上有可能無法在高山上驅動。

為了同時操作 2 個以上的 OS，必需安裝可作出虛擬機器（Virtual Machines）環境的軟體，讓我們能夠在主機作業系統上操作客體作業系統。Windows OS 中，免費虛擬機器軟體有 VMware（威睿）出的 VMware Player（也有收費版）與 Oracle（甲骨文）出的 VM VirtualBox。Mac OS 的 VMware Player 是收費版，VM VirtualBox 則是免費的。本書建議使用 VMware Player。VMware Player 幾乎所有的參數都是自動設定，環境構築相對較為簡單輕鬆。VM VirtualBox 也可以簡單地構築環境，但有幾點需要注意。

（1） Linux ISO 檔案的下載

Linux 的開放原始碼很有名，不過有各種發行版 OS。本書是使用 Linux 中的 Ubuntu 或是 Debian。對初學者而言 Ubuntu 會比較適合，但是習慣開發的動作之後，使用 Debian 會感覺更輕巧快速。Ubuntu 是以 Debian 為基礎所構築出來的，但是具備自有的使用者介面與官方開發人員。Debian 有著千人以上的官方開發人員，具備 2 萬個以上的封包。兩種 OS 都是以志工為中心從事活動，都屬於巨大的開放原始碼計畫之一。**表 1.1** 所示為 Ubuntu 的版本與支援期限。

表 1.1　Ubuntu 的代號與支援期限

代號	版本	發行日	支援期限
TrustyTahr	14.04	2014 年 4 月 17 日	2019 年 4 月
PrecisePangolin	12.04	2012 年 4 月 26 日	2017 年 4 月

支援期間較長的 OS（LTS：LongTermSupport）較穩定，安全性問題也相對較快解決。本書解說的 Ubuntu 是版本 14.04。電腦若是 32 位元，請下載 `ubuntu-14.04-desktop-i386.iso`，若是 64 位元請下載 `ubuntu-14.04-desktop-amd64.iso` 的 Desktop 版本。兩者皆為 1GB 左右的檔案。i386 是 32 位元，amd64 是 64 位元的意思。

若不清楚自己的電腦是 32 位元還是 64 位元，請使用 Windows「開始」選單中的「搜尋程式與檔案」或是「搜尋」，輸入「系統」，接著從顯示的一中點選「系統」後，就可以從搜尋的結果來判別。

因為希望盡量以短時間下載必要的檔案，所以請用 google 搜尋以下 4 個關鍵字，盡量從日本國內的網站下載。"site:jp"的意思是搜尋位於 jp 網域的網站。若下載網站在塞車，那就從其他網站下載。另外，網站有可能會因為維護作業而關閉，此時不用氣餒，再去找其他可以高速下載的網站。

ftp ubuntu-release 14.04 site:jp

```
http://ftp.riken.jp/Linux/Linux-new/ubuntu-releases/
http://www.ftp.ne.jp/Linux/packages/ubuntu/releases-cd/trusty/
```

進行關鍵字搜尋也可以簡單地找到網站。

"ubuntu-14.04-desktop-amd64.iso" site:jp

Debian 發行版本的推移如**圖 1.2** 所示。Wheezy 是最新版本（時間點為 2015 年 6 月）。與剛才一樣，請用 google 搜尋以下 5 個關鍵字。

debian cd iso ftp site:jp

在 2015 年 6 月的時間點，最新版的 32 位元 Debian 是 `debian-8.1.0-i386-CD-1.iso`，64 位元是 `debian-8.1.0-amd64-CD-1.iso`。當時筆者選用了以下連結下載。

```
http://ftp.riken.jp/Linux/debian/debian-cdimage/release/current/i386/iso-cd/
http://ftp.riken.jp/Linux/debian/debian-cdimage/release/current/amd64/iso-cd/
```

圖 1.2 Debian 的發行版本推移

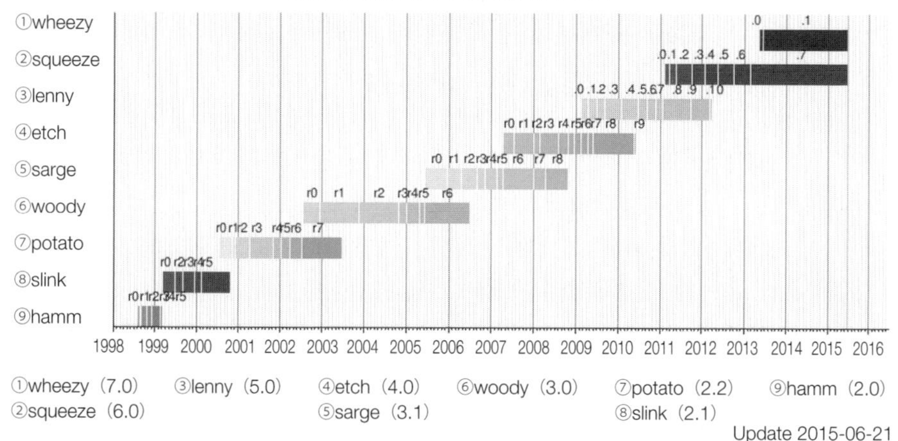

（2） VMware Player 的安裝

接下來要下載免費 75MB 的 VMware Player 檔案。請用 google 搜尋以下 2 個關鍵字，找到下載的網站。

> 下載 "VMware Player"

下載 VMware-player-xxx.exe 後，請在檔案上連擊兩下，完成安裝。安裝成功的話，桌面上會出現 VMware Player 的圖標。設定虛擬機器時，記憶體只要 1GB，使用的硬碟只要 10GB 就夠了。

Ubuntu 的安裝程序是用英語。若是用日文安裝，可以省略從下一頁開始說明的安裝步驟中的第 11. 至 20. 點，但是用日文安裝有可能會發生問題。因為若是在檔案名、目錄名（資料夾）、path 中參雜有日文的話，有可能會無法參照檔案或目錄。為了避免發生麻煩的問題，請不要在檔案名、資料夾名、path 名中使用日文。

全部的檔案及資料夾都是樹狀結構。OS 在執行檔案搜尋時，會基於 path 執行搜尋，舉例來說，Ubuntu 使用者的預設 path 如下。

```
/usr/local/sbin:/usr/local/bin:/usr/sbin:/usr/bin:/
sbin:/bin:/usr/games:/usr/local/games
```

雖說是樹狀結構，但是非常地單純。它的結構就是執行指令時會從寫在 path 左邊的資料夾開始依序搜索，並執行找到的第一個指令。所謂 path 是一種控制的方式，設定前往檔案或資料夾的路徑順序。在 path 裡面的各個資料夾是用冒號「:」來區分。

另外，若只在本書所提及的範圍之內操作，用日文安裝並不會出問題。但是，OS 有可能會因為 Path 的變更而無法正常動作，因此重要檔案一定要備份是鐵則，這樣的話，萬一發生問題才不會後悔莫及。

讀到這裡，可能已經出現了很多各位看不懂的專門用語跟英文單字了。但是，只要用「xxx 是什麼」作關鍵字搜尋，應該就會出現用語解說的網站，閱讀過後應該就能理解內容。建議各位讀者可以一邊搜尋單詞的意思，一邊閱讀本書。

（3） Ubuntu 的安裝

我們要在 Windows 上運用 VMware Player 來安裝 Ubuntu。

0. 連擊兩下桌面上的 VMware Player，啟動 VMware Player。安裝語言是英語。
1. 點擊「製作新的虛擬機器」按鍵。點選「Installer disk image 檔案（iso）:」後，點擊「參照」按鍵來參照剛才下載的 Ubuntu 的 iso 檔案。如果是用 Windows 的預設，檔案會在「下載」資料夾裡。然後點擊「下一步」，進入下一個畫面。

如果不知道檔案下載到了哪裡，可以進入 Windows 的「開始」選單，利用「搜尋程式與檔案」或「搜尋」，輸入「*.iso」來搜尋。

2. 分別確認全名（full name）、使用者名稱、密碼。使用者名稱與密碼以後也會用到，所以要記好。這裡用的全名是 Ubuntu。然後點擊「下一步」，確認虛擬機器名稱後，再進入下一個畫面。
3. 「硬碟最大尺寸（GB）」只要「10.0」就夠了。選擇「虛擬硬碟分割為多個檔案」，進入下一個畫面。最後點擊「完成」，VMware Player 的設定就結束了。
4. 設定完成後，會自動開始安裝 Ubuntu。電腦顯示「軟體更新」對話框，並出現 VMware Tools Linux 版的安裝畫面時，點擊「下載後安裝」。等待 Ubuntu 的安裝完成後，點擊 VMware Player 畫面右上角的「×」。點選「關機」結束程式。

5. 再次啟動 VMware Player，並選擇「Ubuntu」，點擊「虛擬機器設定編輯」。在「虛擬機器設定」對話框點選「選項」，在「共用資料夾」中的「資料夾共用」勾選「總是啟用」後，點擊「資料夾」中的「追加」鍵。在「共用資料夾追加精靈」對話框點擊「下一步」，在「主體機器路徑（host path）」中輸入「C:¥Users¥your_name¥Desktop¥ubuntu」，點擊「下一步」。點選「本項共用有效」，再點擊「完成」。在「虛擬機器設定」對話框點擊「OK」。這樣就可以利用共享資料夾來簡單地做到 Windows 與 Ubuntu 間的資料存取（讀寫）。為了共享資料夾，請事先在 Windows 桌面上做一個給 Ubuntu 用的新資料夾。your_name 是 Windows 的使用者帳號名。
6. 點選「Ubuntu」後，點擊「重新啟動虛擬機器」。輸入 Password，登入系統。
7. 點擊 Ubuntu Desktop 左邊 Launcher 最上方的搜尋按鍵，輸入「terminal」（參照**圖 1.3**）。

圖 1.3　Terminal 的啟動

8. 點擊「Terminal」即可啟動。
9. 在 Launcher 上的 Terminal 點擊右鍵後，選擇「Lock to Launcher」。
10. 在 Launcher 上不需要的應用程式，請點擊右鍵後，選擇「Unlock from Launcher」。
11. 為了辨識日文鍵盤，請在點擊「System Settings」後，點擊「Text Entry」，點擊左下方的「+」按鍵後，選擇「Japanese」並點擊

「Add」按鍵。點擊視窗左上方的「×」，關閉 Text Entry。

12. 點擊「System Settings」後，點擊「Language Support」。如果顯示「The Language Support is not installed completely」，就點擊「Install」按鍵。接下來會被要求輸入密碼。點擊「Install/Remove Language」按鍵後，在「Language」選項中點選「Japanese」的「Installed」，再點擊「Apply Changes」按鍵。關閉 Language Support。
13. 啟動 Launcher 上的 Terminal，輸入「sudo su」的話，會被要求輸入密碼，此時請輸入在第 2 個步驟中所設定的密碼。變成超級使用者（super user）後，提示字元會從 $ 變成 #。

```
$ sudo su
[sudo] password for your_name:
#
```

14. 在 Terminal 上，用以下 apt-get 指令安裝 ibus-anthy 封包。

```
# apt-get install ibus-anthy
```

15. 以 reboot 指令重新啟動系統。

```
# reboot
```

16. 輸入密碼，登入系統，重覆第 11 項步驟，在 Text Entry 中加上「Japanese（Anthy）」。
17. 以 reboot 指令再次重新啟動系統。
18. 重覆第 11 項步驟，在 Text Entry 中加上「Japanese（Kana）」。
19. 再次重新啟動系統。
20. 如**圖 1.4** 所示，點擊「Ja」後，再點擊「Anthy」。「Ja」按鍵變為「A ち」按鍵，就會變成 Anthy 輸入法。Anthy 輸入法中包含 Hiragana、Katanaka、Halfwidth Katakana（半形片假名）、Latin（半形英數）、WideLatin（全形英數）。點擊「A ち」按鍵後，點擊「Preferences-Anthy」。在「Setup-IBus-Anthy」中，將「Input Mode」設定為「Latin」。

這樣可以使用主體機器的漢字鍵來切換英文與日文。

圖 1.4　日文輸入的 Anthy 設定

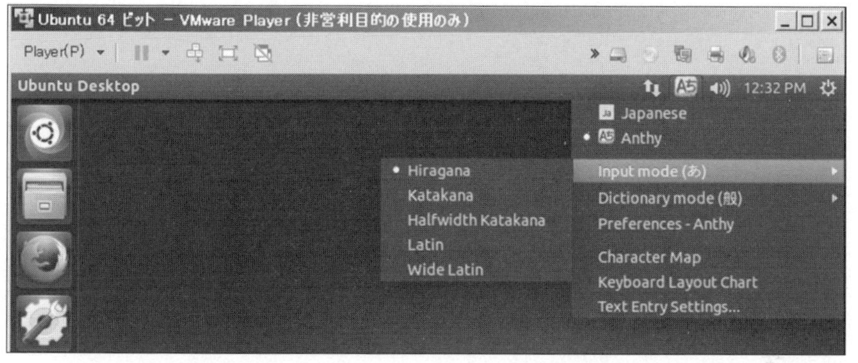

21. 請在 Terminal 執行 df 指令。如**圖 1.5** 所示，會顯示磁碟的使用狀況。

```
$ df
```

圖 1.5　磁碟使用狀況

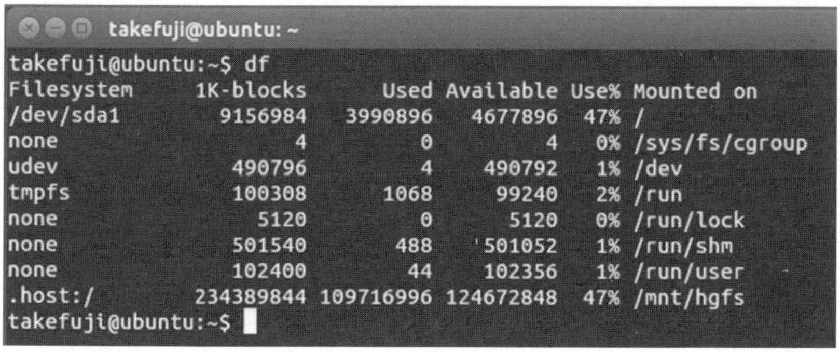

```
takefuji@ubuntu: ~
takefuji@ubuntu:~$ df
Filesystem     1K-blocks      Used Available Use% Mounted on
/dev/sda1        9156984   3990896   4677896  47% /
none                   4         0         4   0% /sys/fs/cgroup
udev              490796         4    490792   1% /dev
tmpfs             100308      1068     99240   2% /run
none                5120         0      5120   0% /run/lock
none              501540       488    501052   1% /run/shm
none              102400        44    102356   1% /run/user
.host:/        234389844 109716996 124672848  47% /mnt/hgfs
takefuji@ubuntu:~$
```

22. 在圖 1.5 的最後一行試著查查看 /mnt/hgfs [†3]。請先在主機作業系統 Windows 桌面的 Ubuntu 資料夾中做一個 help.txt。help.txt 的內容就寫上「thank you」。在客體作業系統 Ubuntu 的 Terminal 執行以下指令（cd 與 ls）。

† 3　未顯示 /mnt/hgfs 時，有可能是沒有安裝 VMware Tools。請參考 VMware Player 的 help 來安裝 VMware Tools。另外，也請確認一下第 5 項步驟的共享資料夾設定。

```
$ cd /mnt/hgfs/ubuntu
$ ls
help.txt
```

執行以下 cat 指令，就會顯示 help.txt 的內容。

```
$ cat help.txt
thank you
```

cd 指令是 change directory 的簡寫，會移動至目錄；ls 指令是 list segments 的簡寫，會顯示檔案或目錄資訊；cat 指令是 catenate 的簡寫，會連結或顯示檔案。

在本小節中，希望各位能夠記住以下的 Linux 指令：

sudo su、apt-get install xxx、reboot、df、cd xxx、ls、cat xxx

1.1.1 使用 Oracle VM VirtualBox 來安裝

使用 VM VirtualBox 時，基本上也是跟 VMware Player 一樣，但是有幾點需要注意。第一點是 iso 檔案的參照方法與 Ubuntu 不同。第二點是需要安裝 VBoxGuestAdditions.iso（圖 1.6）。第三點是需要共享剪貼簿，讓 Windows 與 Ubuntu 間可以互相複製／貼上（圖 1.7）。

請用以下 3 個關鍵字搜尋並下載 VM VirtualBox 的 iso 檔案。

 VM VirtualBox Windows

連擊兩下下載的檔案，開始安裝。

啟動 VM VirtualBox，點擊「新增」按鍵。記憶體設定為 1GB，磁碟設定為 10GB。在硬碟設定處點選「製作虛擬硬碟」。

設定結束後，選擇製作好的虛擬機器，點擊「啟動」按鍵。等到「選擇要啟動的硬碟」對話框跳出來後，才可以參照 Ubuntu 的 iso 檔案。選定事先下載的 iso 檔案，點擊「啟動」。

這裡我們用了 Ubuntu-ja-14.04-desktop 的 iso 檔案。Ja 是指事先安裝有日文封包的 Ubuntu 版本。

從這個 iso 檔案啟動時，可以用「嘗試 Ubuntu」直接從 CD 啟動 Ubuntu，但是在這裡我們要點擊「安裝 Ubuntu」來安裝 Ubuntu。在「安裝的種類」中選擇「刪除磁碟並安裝 Ubuntu」，會出現幾個設定項目，需要注意的是主體機器（host）名稱（電腦名稱）要盡量設定為 2 個字左右的英數字。因為如果名稱不設定得短一點，預設值的名稱就會變長，在使用 Terminal 的時候，會顯得很雜亂而必需變更顯示名稱。Ubuntu 的安裝結束後，再重新啟動一次。設定與 VMware Player 幾乎一樣，只是需要安裝 VBoxGuestAdditions.iso 而已。如**圖 1.6** 所示，從 VM VirtualBox 的選單點選「裝置」－「插入 Guest Additions 的 CD image」的話，就會自動安裝 VBoxGuestAdditions.iso。在這裡先把程式關閉。

圖 1.6　Guest Additions CD 的安裝

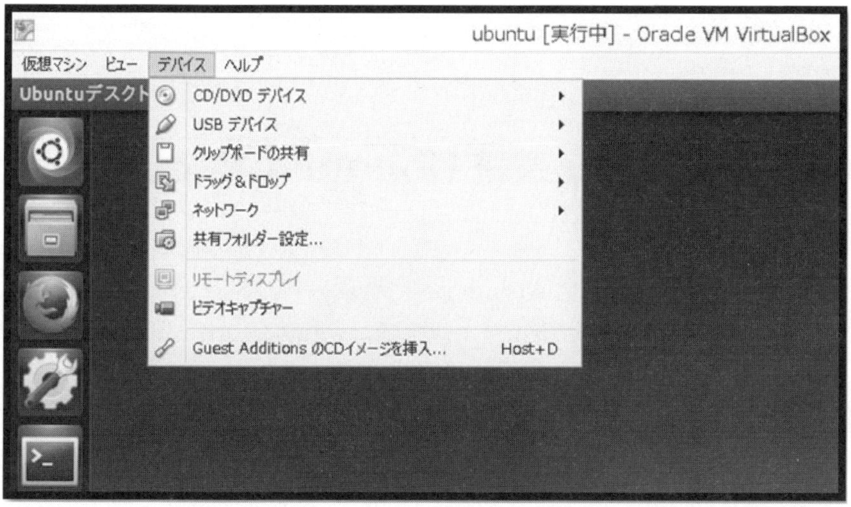

圖 1.7 所示為共享剪貼簿的設定。此處要設定主機作業系統與客體作業系統間的複製／貼上功能。點擊 VM VirtualBox 管理的「設定」按鍵，點擊「一般」，並在「高度」欄標的「剪貼簿共享」與「拖放」中選擇「雙向」。

點擊圖 1.7 的「共享資料夾」後，點擊右端的新增共享資料夾鍵，設定 Windows 上的共享資料夾。在「新增共享資料夾」對話框中點選「自動掛載」。

圖 1.7 複製／貼上功能的設定

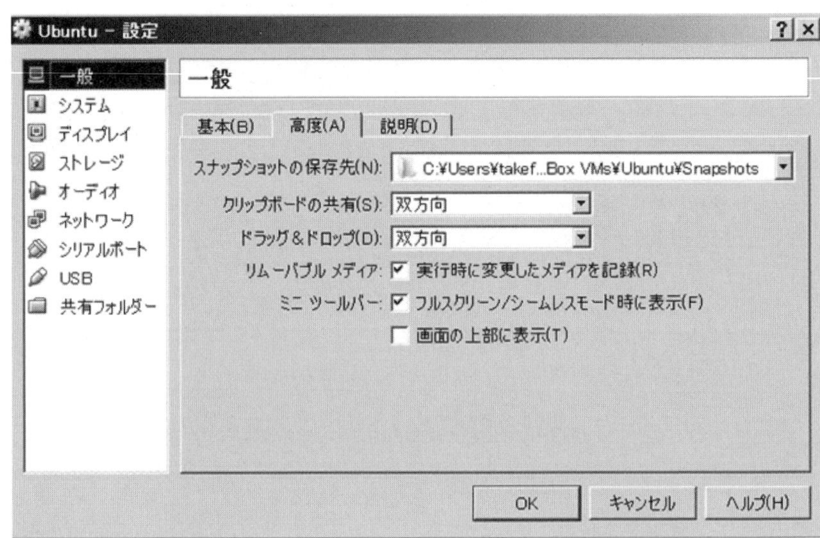

1.2 在客體作業系統 Ubuntu 中構築 Arduino 開發環境

接下來要在 Ubuntu 安裝 Arduino 的開發環境。請點擊 Lock 在 Launcher 裡的「Terminal」。執行以下指令，以建構指令模式的 Arduino 開發環境。

```
$ sudo su
```

我們要成為超級使用者（Super User），才能將其安裝在系統裡。
可以用「apt-cachesearch xxx」搜尋 xxx 相關的封包。

```
# apt-cache search arduino
```

請以這個指令搜尋以下 arduino 的相關封包。

arduino - AVR development board IDE and built-in libraries
arduino-core - Code, examples, and libraries for the Arduino platform
arduino-mighty-1284p - Platform files for Arduino to run on ATmega1284P
arduino-mk - Program your Arduino from the command line

用以下指令來安裝 arduino-core。

```
# apt-get install arduino arduino-core arduino-mk
```

系統會顯示安裝訊息。

為了建構 Arduino 環境，需要安裝 3 個封包。

```
# exit
```

結束超級使用者狀態，回到一般使用者狀態。

```
$ pwd
/home/your_name
```

使用 pwd 指令可顯示正在作業中的目錄。

```
$ wget http://web.sfc.keio.ac.jp/~takefuji/.bashrc
```

使用 wget 指令來下載 .bashrc 檔案。

```
$ mv .bashrc.1 .bashrc
```

用 mv 指令[† 4]將剛才下載的檔名 .bashrc.1 變更為 .bashrc。若存在同樣的檔名時，檔名中會加入流水編號。因為 .bashrc 檔已經存在，所以下載的檔案會自動變更檔名為 .bashrc.1。Terminal 上的指令會執行名為 Bash shell 的 Shell 指令碼語言。

```
$ source .bashrc
```

用 source 指令使 .bashrc 設定檔生效。

```
$ echo $take
http://web.sfc.keio.ac.jp/~takefuji
```

在 .bashrc 的第 1 行定義了 $take 等同於 http://web.sfc.keio.ac.jp/~takefuji 字串。

† 4 如果像這樣使用 mv 指令的話，.bashrc 會因覆蓋而變更。這樣可能會改寫到重要的檔案，需要小心使用。

使用 echo 指令會顯示 take 的內容。

```
$ cat .bashrc | sed -n '1p'
take='http://web.sfc.keio.ac.jp/~takefuji'
```

如上顯示了 .bashrc 第 1 行的定義。

sed 指令是 streameditor 指令，因此可以操作複雜的字串。

最近 Linux OS 的預設 shell 漸漸變成了 Bash shell。各種設定是用 .bashrc 來處理。

接下來確認看看 Arduino 開發環境是否正確地安裝完成了。

```
$ wget $take/bmp180.tar
```

下載 bmp180.tar 檔案。

```
$ wget http://web.sfc.keio.ac.jp/~takefuji/bmp180.tar
```

這個指令相當於執行以上指令。

```
$ tar xvf bmp180.tar
```

解壓縮 bmp180.tar 檔。

使用「tarxvfxxx.tar」指令會解壓縮 xxx.tar 檔。

使用「tarcvfxxx.tar xxxx」指令會壓縮 xxxx 目錄內全部的檔案，將它們變成一個 xxx.tar 檔。

```
$ cd bmp180
$ make
```

跳出以下訊息就表示成功了。

```
Device: ATmega328P
Program:    7920 bytes (24.2% Full)
(.text + .data + .bootloader)
Data:        538 bytes (26.3% Full)
(.data + .bss + .noinit)
```

使用 make 指令在 Arduino 開發環境下，生成我們要的 xxx.hex 檔。這個 xxx.hex 檔是 Intelhex 形式的檔案，可以用 AVR 寫入器直接將程式寫入 ATmega328P。make 指令會搜尋並執行 Makefile 檔。Makefile 很重要，我們之後會再詳細說明。

在「$ **ls build**」之後按「Tab」鍵的話，就會顯示「**build**-atmega328/」。請確認 bmp180.hex 檔是否生成。

在本小節中，希望各位能夠記住以下的 Linux 指令：

apt-cachesearchxxx、apt-getremovexxx、pwd、wgetxxx、mv、source、echoxxx、bash、tarxvfxxx.tar、tarcvfxxx.tarxxx、make

1.2.1 錯誤（errors）的基本處理方式與刪除不需要的 Windows 檔案

在開發過程中會出現各種錯誤，重要的是找出並解決錯誤發生的原因。對初學者而言，就算看到了錯誤訊息，也完全不知道原因何在，更不用說檢討了。最簡單的解決方法是利用全世界的智慧。也就是說，以「”」（雙引號）將一部分或是全部錯誤訊息框起，使用在雙引號中的關鍵字來搜尋。

“ 一部分或是全部錯誤訊息 “

使用 google 搜尋時，有的是用 google.co.jp 網站來搜尋，有的是用 google.com 來搜尋，搜尋結果也會因此而不同。因此，錯誤訊息中含有日文時，請將日文的部分刪除後再進行搜尋。

還有，Linux 會將逐次錯誤日誌寫入 /var/log/dmesg 檔。請將相關部分截取出來進行搜尋。這個雖然難度稍微高一點，也請試著做做看。

“dmesg 一部分的關鍵字 “

如果就是解決不了問題，那要怎麼辦？筆者的做法是不在這上面多花時間，轉而思考別的方法。舉例來說，Ubuntu 或 Debian 的共享功能（Linux 與 Windows 間的共享資料夾）若是不能順利設定時，可以從瀏覽器（Firefox 或 Chrome）利用 gmail 傳送檔案。

初學者最容易發生的問題是明明照著書上寫的做了，還是無法順利進行。這是因為使用的電腦或 OS 的細部版本的不同，會使問題發生變化。另外，嵌在 OS 裡的裝置驅動器與其中的晶片也會使問題發生變化。

因此，解決問題的王道就是：

1. 分別以英文與日文在 google 上搜尋，找出發生同樣問題的人及解決方法。
2. 盡量嘗試各種解決方法就對了。
3. 冷靜下來，想想有沒有別的方法。
4. 為了以防萬一，電腦的重要檔案一定要備份。

Windows 會一直累積垃圾檔案，所以電腦的速度會逐漸變慢。把這些垃圾檔案刪除是很重要的。磁碟的內容（Properties）上點擊右鍵開啟，執行「清理磁碟」。另外，還可以在 Windows「開始」選單的「搜尋程式與檔案」或「搜尋」中輸入「%tmp%」，然後將不要的檔案及資料夾全部刪除。

在 Explorer 的電腦或 PC 上點擊右鍵，開啟「內容」，點擊「系統的詳細設定」，點擊「效能」的「設定」鍵，點選「效能優先」。

累積太多復原點（Restore Point）資訊的話，會占去磁碟容量。請在 Explorer 等處的磁碟「內容」上點擊右鍵開啟，執行「清理磁碟」。點擊位於「磁碟清理」中的「系統檔清理」，在開啟的對話框中點擊「其他選項」欄標，再點擊「系統復原與陰影複製」的「清理」按鍵，就可以只留下最新的檔案，把過去的復原資訊都刪除。

使用 CCleaner [† 5] 等軟體定期清掃垃圾檔案及登錄檔也是很重要的。

1.2.2 Linux 的 update 與 upgrade

Linux 為了修復封包的程式錯誤或是解決安全漏洞，準備了 update 與 upgrade 指令。update 指令會下載更新用的資訊列表。upgrade 指令會基於更新列表置換封包。在環境設定後，進行更新時常會發生問題。最常見的問題發生在虛擬機器中的複製／貼上功能與共享資料夾。

† 5 https://www.piriform.com/ccleaner/download/standard

如果各位有時間的話，就當作是練習試著更新看看也不錯。

如果不更新系統的話，在連接網路時可能會產生安全漏洞，但也不能說更新了的話就完全不會有安全性問題。筆者試過了 Ubuntu14.04、14.04.1、14.04.2，只要進行了 update 與 upgrade，共享資料夾就都會發生問題。目前的狀況是，如果想以虛擬機器的共享化功能為優先，那還是不要 update 或 upgrade 比較好。也可以選擇進行 update 與 upgrade，但是放棄共享化功能，轉而使用其他方法，舉例來說，可以利用瀏覽器傳送檔案。

使用以下指令可進行 update/upgrade。

```
$ sudo su
# apt-get update
# apt-get upgrade
```

有時候只 upgrade 一次是沒辦法更新的。此時請執行下列指令。

```
# apt-get dist-upgrade
```

解決系統問題的指令有好幾個。

```
# apt-get install -f
# apt-get update --fix-missing
```

下列指令是用來清掃不要的封包。

```
# apt-get autoremove
# apt-get autoclean
```

「apt-get update」及「apt-get upgrade」等 2 個指令可以將目前已安裝的全部程式館安裝為最新版。當「apt-get update」發生錯誤時，請執行以下 dpkg 指令。

```
# dpkg --configure -a
```

再次執行 update 指令。

```
# apt-get update
```

再次執行 upgrade 指令。

```
# apt-get upgrade
```

當因為某些原因在安裝程式館 xxx 發生錯誤時，請用以下指令解除安裝 xxx。

```
# apt-get remove xxx
```

或是使用以下指令。

```
# dpkg -P --force-all xxx
```

-P 的意思是 Purge（刪除全部）。

如果這樣也沒辦法消除錯誤，我們就必需要騙過 dpkg 或 apt-get。想解決這個問題，就要先在 /etc/init.d/ 資料夾裡做一個 xxx 檔案。xxx 檔案的內容如下。

```
# cat /etc/init.d/xxx
#!/bin/bash
exit 0
```

另外，將檔案 xxx 的存取權限變更為以下的 chmod 指令。

```
# chmod 755 /etc/init.d/xxx
```

然後再執行一次下列指令，問題應該就能解決了。

```
# dpkg -P --force-all xxx
```

重新啟動 Linux 時，可能會因為某些原因使 Raspberry Pi2 的 OS 產生問題，引起 Bus error 或系統暴走而無法重新啟動。最後的手段是求助指令，使用求助指令的話，就應該可以重新啟動。

```
# echo 1 > /proc/sys/kernel/sysrq
# echo b > /proc/sysrq-trigger
```

1.2.3 Cygwin 的安裝

Windows 的指令提示字元功能很弱，所以要是在 Windows 上安裝 Cygwin 的話，就能創造出和 Linux 一樣的好用命令列環境。

請從下列網站下載設定檔並連擊兩下進行安裝。

```
https://cygwin.com/install.html
```

從這個網站下載並執行 setup-x86.exe（32 位元）或是 setup-x86 _ 64.exe（64 位元）。會跳出「Cygwin Setup」對話框，依照指示安裝即可。跳出「Cygwin Setup - Select Packages」對話框時，請選擇要安裝的封包。vim、wget、openssh、expect、unzip 等是比較需要安裝的封包。在對話框的「Search」中輸入關鍵字，即可找到封包。再度執行 setup-x86.exe（32 位元）或是 setup-x86 _ 64.exe（64 位元）的話，就可以追加封包，所以最初安裝時不必太在意是不是會有上述以外的封包需要追加。

如果想要日文顯示，請從下列網站下載 ck-3.3.4.zip（64 位元版本是 ck-3.6.4.zip）。

```
http://www.geocities.jp/meir000/ck/
```

解壓縮 ck-3.3.4.zip（或是 ck-3.6.4.zip）後，bin 資料夾裡會有 4 個檔案

```
.ck.config.jsck.app.dllck.con.execk.exe
```

只要把 .ck.config.js 檔放在安裝有 Cygwin 的 cygwin（64 位元版本為 cygwin64）資料夾的 /home/your_name 中即可。your_name 是 Windows 的使用者名稱。重點要重覆說好幾次：使用者名稱不要用日文。其他檔案請放在 /bin 資料夾。做一個 ck.exe 的捷徑，放在桌面。這樣的話，連擊兩下桌面的 ck.exe 捷徑即可開啟 Cygwin。這個捷徑的作業資料夾在預設值中是 cygwin/bin，所以請修正為 cygwin/home/your_name。

在 Windows 製作英語特權使用者名稱的方法：利用使用者帳號做一個新的英文特權使用者，確認可以正確動作後，再將日文的使用者刪除。

已經安裝有 Cygwin 的話，就先刪除後再安裝一次。為了以防萬一，重要檔案一定要備份。Cygwin Terminal（登錄在 Windows 的「開始」選單等處）、Cygwin.bat（就在安裝有 Cygwin 的資料夾下）、`ck.exe` 都可以用來啟動 Cygwin。

1.2.4 Python 程式館的安裝

關於將 Python 安裝到 Windows 上，會在 4.1.1 詳細說明。本書是以 Python 2.7.9 為中心做說明。

這一節先從方便的 Python 環境來說明 IPython 的安裝。

IPython 是為了以對話方式執行 Python 的一種 shell。

Windows 的開發環境非常重要。Windows 自備的指令提示字元功能太弱，所以請安裝 Cygwin（參照 1.2.3）。安裝了 Python 2.7.9 之後（參照 4.1.1），再安裝程式館。

首先需要安裝程式館（library）的安裝程式（installer）。啟動 Cygwin，用以下指令下載 `pip` 的安裝程式 † 6。

```
$ wget https://bootstrap.pypa.io/get-pip.py
```

用以下指令可以安裝程式館的安裝程式。

```
$ python get-pip.py
```

`pip` 指令的使用方法如下。

```
$ pip install xxx
```

安裝程式館 xxx。

```
$ pip list
```

但是請用「pip install pip-U」進行更新。

† 6 在安裝 Python 時，有可能沒有安裝到 `pip` 程式館，用「`pip--version`」可以確認。如果已經有安裝了的話，就不需要再次安裝。

顯示已安裝的程式館名稱。

```
$ pip install xxx -U
```

更新程式館 xxx。

```
$ pip list --outdated
```

顯示現在已安裝的程式館版本與它們的最新版本。

```
$ pip uninstall xxx
```

解除安裝 xxx 程式館。

接下來要安裝 IPython †7。請從下列網站（Unofficial Windows Binaries for Python Extension Packages）下載 IPython。網站上有很多程式館，請以瀏覽器搜尋功能找出來。

http://www.lfd.uci.edu/~gohlke/pythonlibs/

有好幾個版本，請下載支援 Python 版本 2.7 的最新版本（檔名寫有 py27；python-3.2.0-py27-none-any.whl），以 pip 指令安裝。

```
$ pip install ipython-3.2.0-py27-none-any.whl
```

另外還需要下列程式館。這些也是從上述網站下載即可。每一個程式館都有 32/64 位元版本以及支援不同的 Python 版本，所以請下載自己需要的版本。

† 7 本書中在用 Cygwin 執行 Python 程式 xxx.py 時，是用「$ python -i xxx.py」等指令。執行時，有可能會明明安裝了程式館，卻出現「ImportError」等錯誤訊息而無法執行。此時請用「$ ipython qtconsole」啟動 IPyhton 的控制臺，以「%run xxx.py」來執行看看。

setuptools
pyzmq
tornado
Pyreadline †8
Pygments
MarkupSafe
patsy
Pillow
其他（因應個人需求）
mistune
rpy2
pycairo
matplotlib
PyQt4 或是 pyside
pandoc †9
pandas
Jinja2

雖然有點麻煩，但是請務必安裝上述程式館。

另外，使用 easy _ install 指令也可以簡單地安裝程式館。較大的程式館可以從下列網站下載並安裝二進制版本，但是在 Windows 上會有點困難 †10。

http://www.lfd.uci.edu/~gohlke/pythonlibs/

例如，安裝 OpenCV 程式館時可以下載 opencv_python-2.4.11-cp27-none-win_amd64.whl，並使用以下指令來安裝

```
$ pip install opencv_python-2.4.11-cp27-none-win_amd64.whl
```

Ubuntu 已經安裝有 Python 的基本程式館，不只是上述 pip 指令或 easy_install 指令，還可以用「apt-get install xxx」指令來安裝。想查閱 Python 程式館名稱時，可執行下列指令。

```
$ apt-cache search python|grep xxx
```

xxx 是程式館的名稱。

† 8 請在網路上搜尋安裝程式（Windows 執行檔）。
† 9 貼有外部網站連結，請執行安裝程式（Windows 執行檔）。
† 10 有可能在安裝 Python 時已經安裝過了，請用「easy_install--version」確認；如果是在網路上，請用「setuptools」搜尋看看，這是包含在 setuptools 內的指令。

1.3 AVR 寫入器的製作

FT232RL 是常用的 USB 序列變換模組。使用 FT232RL 可以相對簡單地自製 AVR 寫入器（圖 1.8）。我們要利用 Arduino 開發環境，將所生成的 xxx.hex 檔案寫入 ATmega328P。寫入工具的名稱是寫入器。製作 IoT 裝置的試作機時，要使用0.65mm 單線來配線，單線要插進麵包板。需要的零件為以下4樣。

圖 1.8　AVR 寫入器（FT232RL）

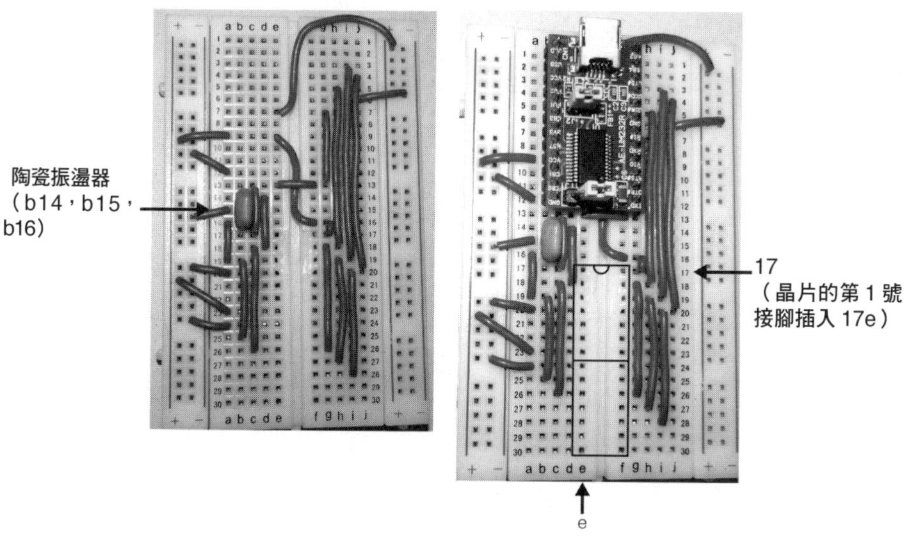

1. FT232USB 序列變換模組（含備品要 2 個）
   採用 FT232 的 USB 序列變換模組套組（800 日圓）
   http://akizukidenshi.com/catalog/g/gK-06693/
   或是，採用 FT232 的 USB 序列變換模組（950 日圓）
   http://akizukidenshi.com/catalog/g/gK-01977/
2. 麵包板（寫入器用與 IoT 裝置用，共 2 個）
   http://akizukidenshi.com/catalog/g/gP-05294/
   （200 日圓）
3. 陶瓷振盪器 9.22MHz（1 個）
   http://akizukidenshi.com/catalog/g/gP-00553/

4. 0.65mm 單線只要 2m 就足夠了，但是考慮到 IoT 裝置也要用，因此需要 10m 以上。

工具只需要 0.65mm 單線用的剝線鉗。需要注意的是，需要剝皮的單線長度是要跟麵包板厚度幾乎一樣。單線剝皮的長度如果太長，會互相接觸到；單線剝皮的長度如果太短，會接觸不良。

如果想順利配線的話，可以先把單線的一端剝皮後，插入 1 個孔裡。然後想好包含剝皮段在內所需要的長度，截取所需單線並剝皮。不良的例子是配線在麵包板上看起來像義大利麵一樣纏在一起，連配錯線也看不出哪裡配錯了。

本書的 AVR 寫入器可對應 28 接腳的 ATmega328P、ATmega168、ATmega8；8 接腳的 Tiny45、Tiny85、Tiny13。使用 8 接腳晶片時，請將晶片的第 1 號接腳插入麵包板的 17e 孔。28 接腳晶片也是一樣，請將晶片的第 1 號接腳插入麵包板的 17e 孔。3 隻腳的陶瓷振盪器請插入麵包板的 b16、b17、b18 孔。

1.4 使用 AVR 寫入器來寫入 AVR 微電腦

如果已經完成 1.2 節說明的 Arduino 開發環境，請啟動 VMware Player，打開 Ubuntu。如果還沒有在 Ubuntu 完成 Arduino 的開發環境，請參照 1.2 節先完成開發環境。

AVR 寫入器無法正確運作的原因，大多數是單線的配線。就算 23 根單線的配線都正確，如果單線的剝皮長度不對的話，也會造成接觸不良。FT232RL 偶爾會出現不良品，所以請購入 2 個 FT232RL，應該不可能會同時買到 2 個不良品。如果 AVR 寫入器無法正確運作，請痛下決心把 23 根單線都拔起來，確認每一根單線的剝皮長度（裸露金屬線的長度）後，重新配線一次。

請從下列 3 個方法中選一種方法來將韌體寫入 AVR 微電腦。

1. 從客體作業系統（Ubuntu）寫入。
2. 從 Windows 的 GUI（avrdude-GUI）寫入。
3. 從 Windows 的指令提示字元寫入。

以下就每一個方法進行說明。

另外，進行以下處理時，ATmega328P 必需經由 AVR 寫入器連接電腦，並且在該環境下能夠被辨識出來。要用虛擬機器寫入時，連接虛擬機器的設備必需要能辨識才行。以 USB 等方式連接虛擬機器與設備的辨識相關設定，請由虛擬機器的 help 或網路搜尋。

（1）從客體作業系統（Ubuntu）使用 AVR 寫入器寫入韌體

啟動位於 Ubuntu 上的 Launcher 的 Terminal。在 Terminal 輸入並執行以下指令。下載的 Ubuntu 中嵌有 FT232RL 的驅動器，所以相對可以比較容易寫入韌體。

```
$ which avrdude
/usr/bin/avrdude
```

使用 which 指令可以顯示「whichxxx」中，xxx 指令的保存場所。

如果找不到 avrdude 指令，那是因為 Arduino 的開發環境還沒有完成，請參照 1.2 節完成建構開發環境。

```
$ cd            ←回到家目錄
$ cd bmp180
$ cd build-atmega328
$ sudo su       ←輸入密碼，成為超級使用者
# avrdude -c diecimila -p m328p -U flash:w:bmp180.hex -U lfuse:w
:0xe2:m -b 960 -D
avrdude: AVR device initialized and ready to accept instructions
...
avrdude: verifying ...
avrdude: 1 bytes of lfuse verified
avrdude: safemode: Fuses OK (H:07, E:D9, L:E2)
avrdude done.  Thank you.
```

avrdude 指令是控制程式，目的是使用製作好的寫入器，將在 Arduino 環境下生成的 xxx.hex 檔案寫入 AVR 微電腦。筆者製作好的寫入器名為 diecimila，各位可以用「-c」選項指定寫入器種類。「-p」選項是用來設定晶片的種類。

用「-Uflash:w:bmp180.hex」將 bmp180.hex 寫入快閃記憶體。「-b」選項是用來設定寫入器的寫入速度（鮑率；baud rate）。「-D」是用來使「抹除整個晶片（Chip Erase）」無效化的選項。

(2) 從 Windows 的 GUI 使用 AVR 寫入器寫入韌體

請由下列網站下載 avrdudegui.exe 檔案。

```
http://web.sfc.keio.ac.jp/~takefuji/avrdudegui.exe
```

下載檔案後，連擊兩下，avrdude-GUI.exe 就會被安裝在 avrdudegui.exe 檔的某個資料夾裡。

我們需要將客體作業系統（Ubuntu）所生成的 bmp180.hex 檔案傳送至主機作業系統（Windows）。最簡單的方法是設定共享資料夾，因為 Ubuntu 與 Windows 已經設定有共享資料夾，所以用以下指令就可以將 bmp180.hex 檔案複製到 Windows 的共享資料夾。請從 Ubuntu 上的 Terminal 輸入。

```
$ cd
$ cd bmp180/build-atmega328
```

使用 VMware Player 的話，可以用以下的 cp 指令複製到 Windows 桌面的 Ubuntu 資料夾。

```
$ cp bmp180.hex /mnt/hgfs/ubuntu/
```

使用 VM VirtualBox 的話，可以用以下指令。

```
$ cp bmp180.hex /media/sf_ubuntu/
```

如果因為某些原因使共享化功能不能順利設定，就從瀏覽器（預設值為 Firefox）利用 gmail 傳送附檔（bmp180.hex）。

連擊兩下 avrdude-GUI.exe，就會出現圖 1.9 的畫面。

從「Programmer」下拉選單選擇「diecimila」。從「Device」下拉選單選擇「m328p」。另外，在「Command line Option」輸入「「-P ft0-B 115200」。接下來，把 AVR 寫入器連接到電腦的 USB。考慮到晶片的第 1 號接腳，將 ATmega328P 插入寫入器，點擊「Fuse」的「Read」鍵，ATmega328P 的 Fuse 資訊就會被讀入「Fuse」的各項目。如果是新的 ATmega328P，「lFuse」會顯示「62」。如果因為鮑率太快而發生問題時，請將「Command line Option」變更為「-P ft0 -B 9600」。為了將「lfuse」變更為「E2」，請在「lfuse」輸入「E2」，並點擊「Write」鍵。

若要將韌體寫入「Flash」，請點擊「Flash」的 ... 鍵，並參照 bmp180.hex 檔，點擊「Erase-Write-Verify」鍵來執行寫入。

圖 1.9　avrdude-GUI 的開始畫面

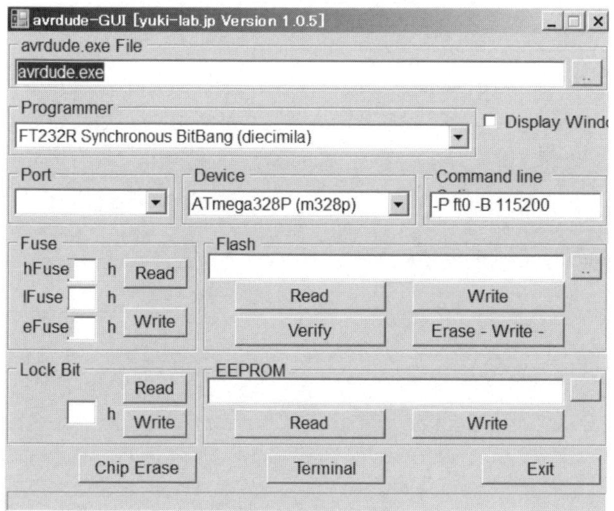

（3）從 Windows 的指令提示字元寫入

avrdude-GUI 若是不能順利進行時，那就要將 bmp180.hex 檔案複製到有 avrdude-GUI.exe 的資料夾。這裡假設它在 C:¥dev¥avrdude。請由 Windows的「開始」－「附屬應用程式」或是位於「Windows系統工具」的「指令提示字元」來執行下列指令。

```
> cd C:¥dev¥avrdude
> avrdude -c diecimila -p m328p -P ft0 -t
avrdude: BitBang OK
...
avrdude> quit
```

跳出上述訊息即為成功。輸入 quit 結束，並執行以下指令。

```
> avrdude -c diecimila -p m328p -P ft0 -U flash:w:bmp180.hex
-U lfuse:w:0xe2:m
```

安裝有 Cygwin 的狀況下也是一樣，cd 至 bmp180.hex 檔案的資料夾後，再執行上述命令。avrdude 的命令若是沒有進入 Cygwin 的 path，就會出現錯誤訊息。請將下面這條指令寫入位於 Cygwin 的家（HOME）資料夾內的 .bashrc 裡。

```
PATH="/cygdrive/c/dev/avrdude/":$PATH
```

$PATH 是指預設值的 path。

一般來說，Windows 會預先安裝有 FT232RL 的裝置驅動器，但是偶爾會出現沒有預先安裝的狀況。此時請從下列網站下載並安裝自己需要的檔案。

http://www.ftdichip.com/Drivers/D2XX.htm

或是

http://www.ftdichip.com/Drivers/VCP.htm

裝置驅動器會自動安裝，但是需要重新啟動裝有 Windows 的設備。

在本小節中，希望各位能夠記住以下的 Linux 指令：
which、cp、avrdude

Chapter 2

IoT 裝置的硬體與介面

本章以 8 位元 AVR 微電腦為中心，解說硬體與介面。本書中所用的方法也可以直接應用於 32 位元 ARM 微電腦。微電腦是 microcontroller 的簡稱，內部是由 CPU、非揮發性記憶體（Flash 記憶體、EEPROM 記憶體）、揮發性記憶體（SRAM）、輸入（數位與類比）、輸出（數位）所構成。所謂非揮發性記憶體，就是在沒有電力供給的狀況下，記憶體保存的內容也不會消失。另一方面，揮發性記憶體則是若失去電力供給，記憶體保存的內容就會消失。

舉例來說，ATmega328P 是將程式保存在 32KB 的 Flash 記憶體中，程式的變數則保存在 1KB 的 EEPROM 記憶體及 2KB 的 SRAM 中。

使用 ATmega328P 的 I2C（i2c）介面或 SPI 介面來控制感測器或液晶顯示器等。經由 ATmega328P 的串列介面（serial interface）（UART 收發訊）連接網路。

筆者將詳細說明以下 6 種網路連接方法。本書所述 IoT 裝置是有網底的文字部分。說明中的「電腦」也可置換為 Raspberry Pi2 或 BeagleBone 等嵌入系統。

IoT AVR 裝置 + USB 序列 ⇔ USB+ 電腦 ⇔ 網路
IoT AVR 裝置 +Bluetooth 序列 ⇔ Bluetooth + 電腦 ⇔ 網路
IoT AVR 裝置 + Wi-Fi 序列 ⇔ 無線 LAN 路由器 ⇔ 網路
IoT AVR 裝置 + 附 Wi-Fi 功能的 SD 卡 ⇔ 無線 LAN+ 電腦 ⇔ 網路
IoT ARM 裝置 + USB_LTE 數據機 ⇔ 網路
IoT AVR 裝置 + Bluetooth 序列 ⇔ Bluetooth + Android ⇔ 網路

大多數晶片的接腳號碼順序是逆時針方向。在看晶片的規格資料表時，需要注意的是 TOP view 與 BOTTOM view。TOP view 是從上面看下來的接腳配置，BOTTOM view 是從下面看上來的接腳配置。

如果沒有特別說明，預設值就是 TOP view。如果弄錯電源配線的話，晶片就會燒掉，請特別注意。

2.1 構成 IoT 裝置的 AVR 微電腦

ATmega328P 是 28 接腳晶片，如圖 2.1 所示，具有 1 個序列埠（RXD 與 TXD）、1 個 i2c 介面（SCL 與 SDA）、1 個 SPI 介面（SCK、MISO、MOSI、RESET）、6 個類比輸入接腳、23 隻數位輸出入接腳。

圖 2.1 ATmega328P 的接腳構成

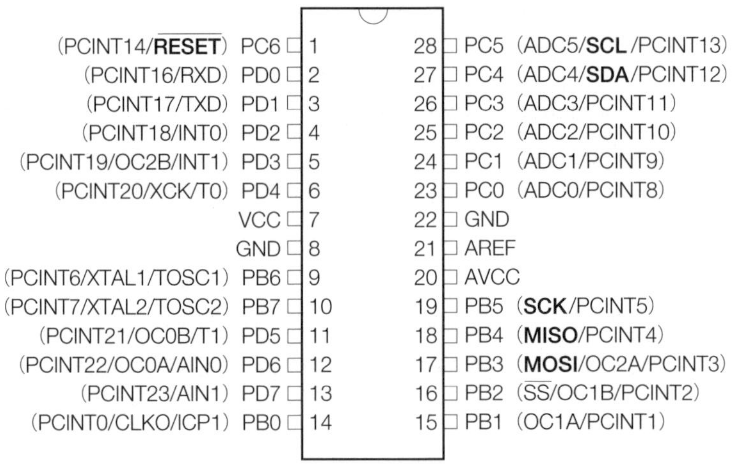

Arduino 限制了接腳的功能。因此在 Arduino 程式環境下，ATmega328P 作為 Arduino 晶片，功能已經被設定且已經被編上了號碼。舉例來說，Arduino 的數位輸出入是從第 0 號（ATmega328P 的第 2 號接腳）到第 13 號（ATmega328P 的第 19 號接腳）的 14 隻接腳。

Arduino 的類比輸入是從 A0（ATmega328P 的第 23 號接腳）到 A5（ATmega328P 的第 28 號接腳）的 6 隻接腳。Arduino 的序列是 RXD（收訊：ATmega328P 的第 2 號接腳）與 TXD（送訊：ATmega328P 的第 3 號接腳）。

i2c 的接腳（SCL：ATmega328P 的第 28 號接腳，SDA：ATmega328P 的第 27 號接腳）及 SPI 的接腳（SCK、MISO、MOSI、RESET）如**圖 2.2** 所示。

圖 2.2　Arduino（ATmega328）的接腳構成
（將 http://jobs.arduinoexperts.com/2013/03/02/arduino-atmega-pinout-diagrams 加工而成）

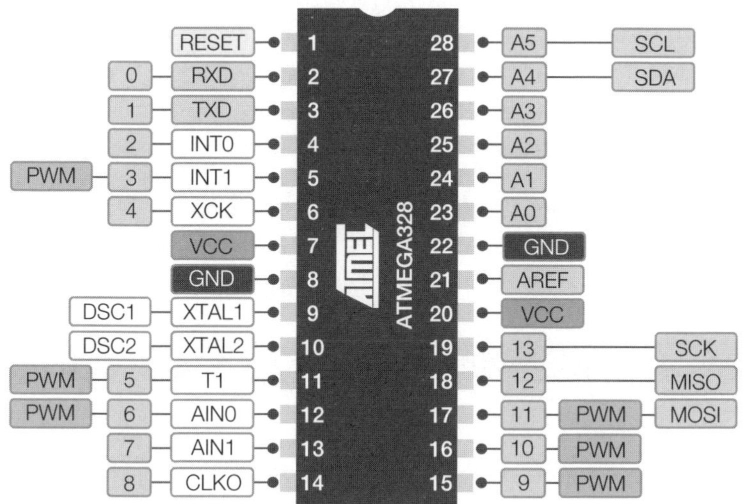

需要注意的是，i2c 跟 SPI 介面都需要提升電阻（pull-up resistor）。所謂提升電阻，是指正電源（3.3V 或 5V）與 i2c 及 SPI 各自接腳間連接的 10kΩ 左右的電阻。

多個提升電阻並列的狀況下，阻抗（impedance）（交流電阻值）會太低，而形成誤動作的原因。另外，i2c 介面可以共享匯流排，所以可以做多個裝置的匯流排（BUS）連接，但是 SPI 卻無法共享。因此需要確認連接到焊接電路板模組上的提升電阻值。

在 Arduino，i2c 程式是利用 `Wire.h` 封包。SPI 程式是利用 `SPI.h`。因為本書重視開放原始碼封包的使用方法，所以作為最低限度的知識，將說明如何利用這些封包。

依所使用的感測器裝置的不同，有時會需要 `Wire.h` 及 `SPI.h` 以外的裝置驅動器封包。這一點會在 Chapter3 詳細解說。

一般來說，運用開放原始碼軟體開發 IoT 裝置時的步驟如下。

1. 使用晶片名稱搜尋並下載開放原始碼軟體。舉例來說，可以用下面 2 個關鍵字來搜尋。

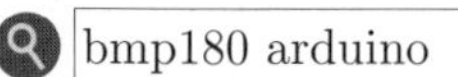

bmp180 arduino

或是用下面 3 個關鍵字來搜尋。

bmp180 arduino github

在本案例中，晶片名稱是 bmp180。

2. 將稱為 sketch 的 `xxx.ino` 與程式館（`xxx.cpp` 或 `xxx.h` 檔案）放入同一個資料夾。
3. 配合自己的用途變更並改寫 `xxx.ino`。
4. 下載或是自作 `Makefile`。

Chapter 2 會更具體說明這 4 個步驟。xxx.tar 是為初學者準備的，全部的檔案都在裡面，請參考使用。大部分狀況下，都可以在 Cygwin 或是 Ubuntu 利用以下指令下載檔案。在 Cygwin 也請設定 `$take`（參照 19 ～ 20 頁）。

```
$ wget $take/xxx.tar
```

如果是用 TQFP 封包的 ATmega328，Arduino 接腳配置如**圖 2.3** 所示。**圖 2.4** 所示為 ATmega1284P 的 Arduino 接腳配置。至於其他的 Arduino，還有 8 接腳的 Tiny85 等，請自行靈活運用開放原始碼（**圖 2.5**）。

圖 2.3　TQFP 封包（ATmega328）的 Arduino 接腳配置
（http://www.hobbytronics.co.uk/arduino-atmega328-pinout）

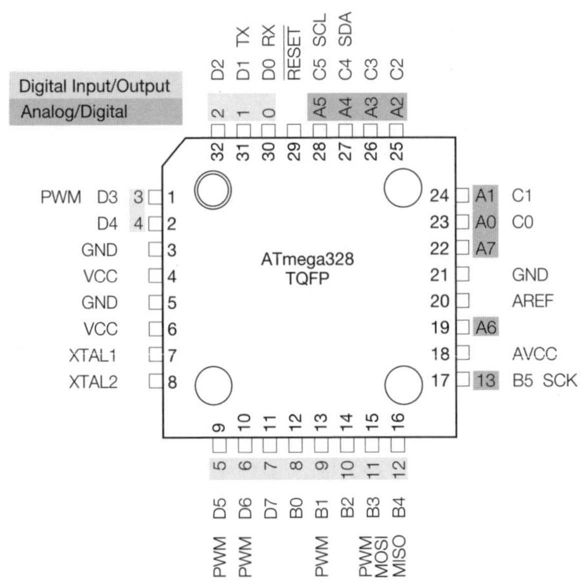

圖 2.4　ATmega1284P 的 Arduino 接腳配置
（http://forum.arduino.cc/index.php?topic=118773.0）

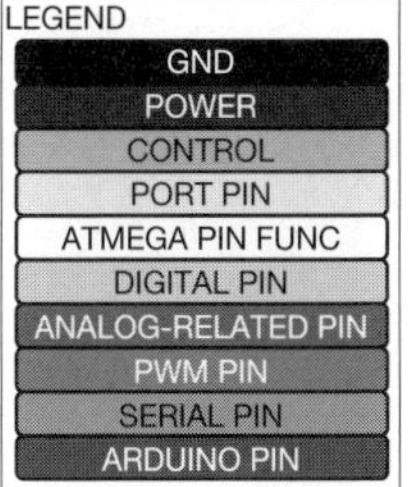

Using Arduino as ICSP Programmer for ATmega1284P

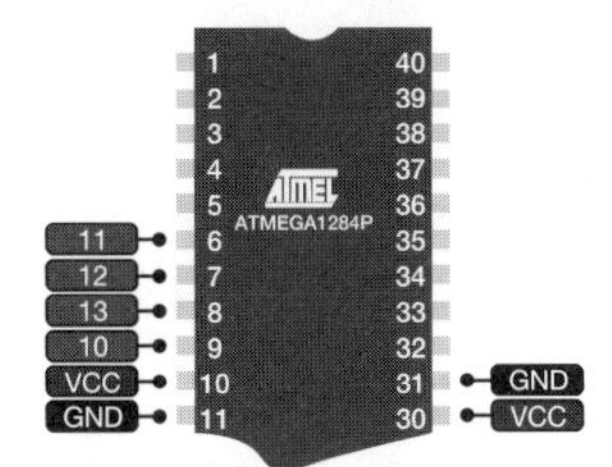

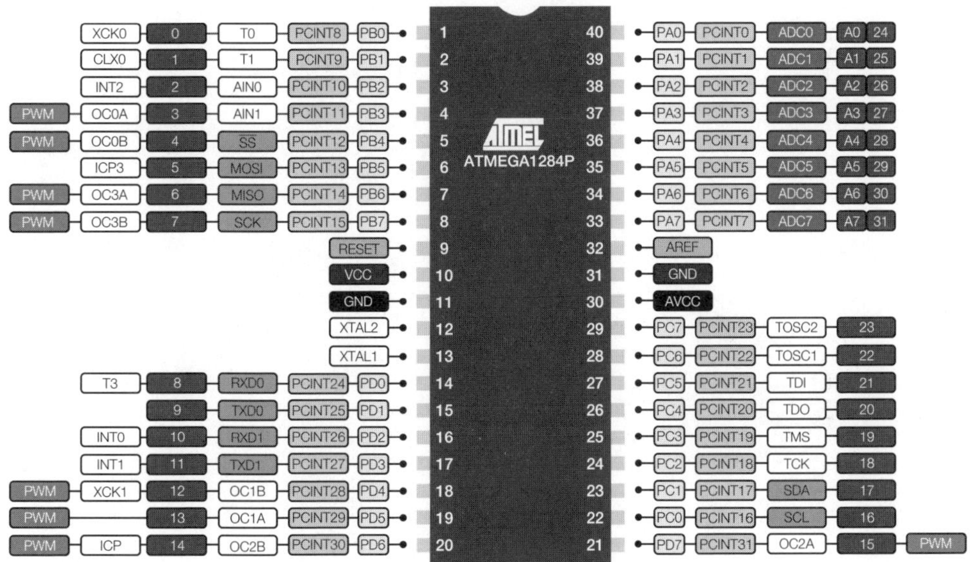

圖 2.5　其他晶片的 Arduino 接腳配置
（http://fc04.deviantart.net/fs70/f/2013/038/3/7/attiny_web_by_pighixxx-d5u4aur.png）

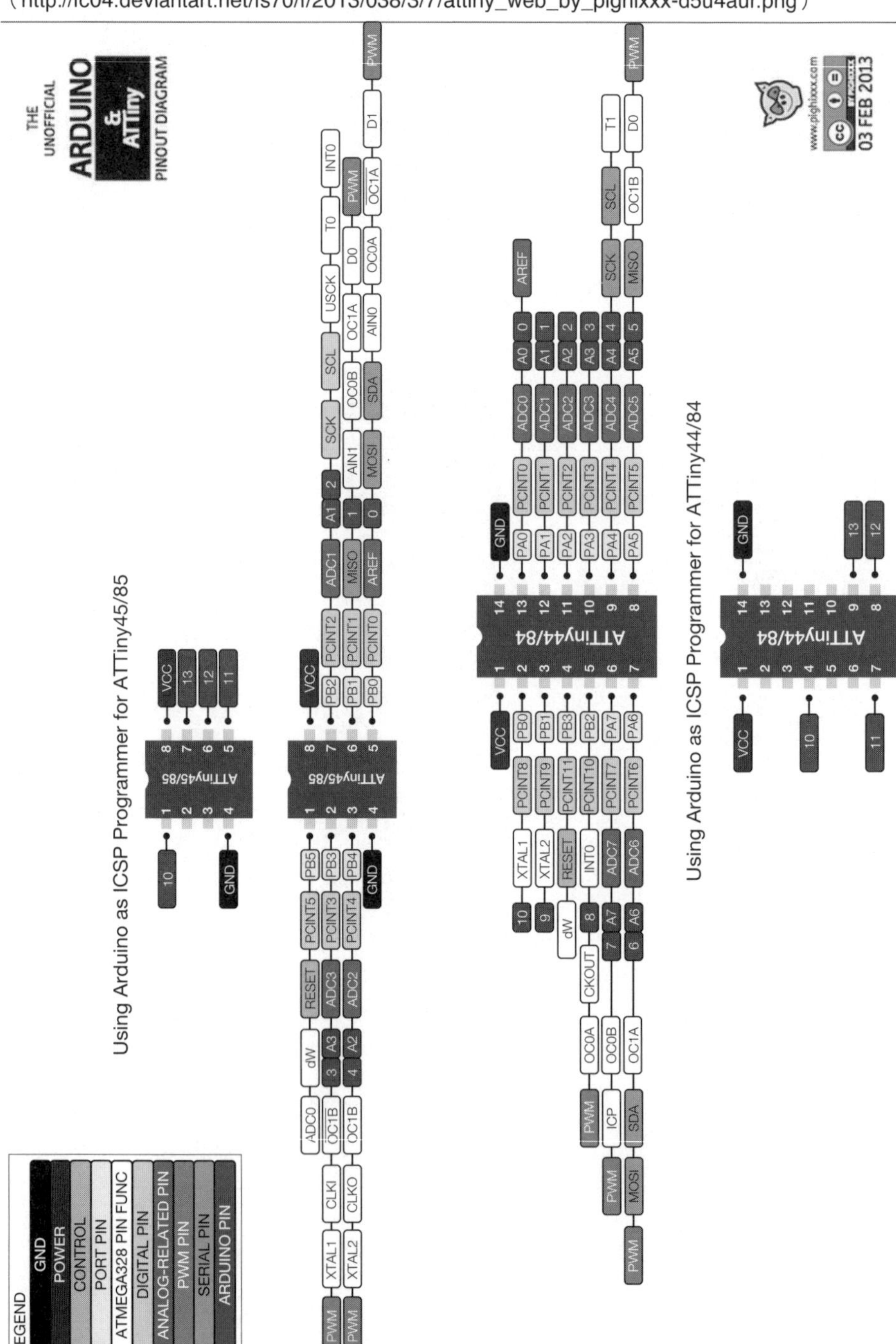

2.1.1 Arduino 的數位輸出入與類比輸出入

Arduino 有數位輸入／輸出（0 至 13 號接腳）與類比輸入（A0 至 A5 號接腳）等 3 種模式。請指定接腳號碼，設定為數位輸出，使用以下 pinMode ( ) 函數。

```
pinMode(9, OUTPUT);
```

要將數位 9 號接腳設定為 HIGH 或 LOW 時，請使用以下函數。

```
digitalWrite(9, HIGH);
digitalWrite(9, LOW);
```

8 號接腳的數位輸入設定，同樣使用以下函數。

```
pinMode(9,INPUT);
```

使用以下函數可將 9 號接腳的輸入值代入變數 val（int，整數）。

```
 int val ;
val = digitalRead(9);
```

請使用以下函數進行 A5 號接腳的類比輸入設定與讀取。

```
analogRead(5);
```

Arduino 裡面有 ATmega328P 所沒有的軟體實裝類比輸出。使用以下函數的話，不管用哪一個接腳都可以進行類比輸出。

```
int val;                    ←val的整數設為0至255的值
pinMode(9, OUTPUT);
analogWrite(9, val);
```

舉例來說，想要把 5 號接腳的類比輸入值以類比輸出至 9 號接腳時，可做以下設定。

```
int val;
val=analogRead(5);          ←val會是0至1023的值
pinMode(9, OUTPUT);
analogWrite(9, val/4);      ←val/4的值會是0至255的值
```

2.2 構成 IoT 裝置的感測器與驅動零件

現在的感測器幾乎都是用 MEMS（Micro Electro Mechanical Systems：微機電系統）技術所製造。MEMS 是把電路（控制部分）與微機械構造（驅動部分）整合在一個電路板上的零件（裝置），不過日本企業幾乎都已經從 這個領域撤退了，所以本書所介紹的零件幾乎都不是日本製的感測器。2.2.1 將一邊說明氣壓感測器（BMP180），一邊解說如何具體地靈活運用開放原始碼於 IoT 裝置，以及如何使用開放原始碼的 Python 應用程式。

2.2.1 i2c 介面的氣壓感測器（BMP180）

第一個要介紹的氣壓感測器是德國企業 Bosch 所開發的 BMP180。

因為是 BMP085 的下一代機種，所以兩種晶片可以用同樣的軟體驅動。

BMP180 是使用 i2c 介面，所以相對可以比較容易做出 IoT。

BMP180 為高性能氣壓感測器，所以可以識別出大約 15cm 的高度差。

只有單純的氣壓感測器的話有點無趣，所以本書也會介紹次聲波（Infrasound）測定器的設計與實裝。次聲波是指人耳聽不到的低頻橫波音波。縱波的音波衰減較快，因此可達距離較短。橫波則與海嘯一樣，音波的衰減較慢，連地球的另一面也能到達。

自然界中的次聲波發生源包含有彗星接近、隕石、太空垃圾及人工衛星的撞擊、火山爆發、核能實驗、地震、火箭發射、雪崩、極光等（**圖 2.6**）。

本書將介紹會對未來有幫助的幾個 IoT 裝置案例。筆者會在 40Hz 的速度下，使用 BMP180 測定氣壓數據（5 位數或 6 位數的帕斯卡值），並經由 USB 串列介面傳送至電腦。電腦會將收到的氣壓數據即時圖像化並顯示出來。還會對收到的數據進行快速傅立葉轉換（FFT） 分析，並將分析結果即時顯示。

為了縮短 IoT 裝置的製作時間，盡量不要用到焊接是重點。

MEMS 的尺寸較一般晶片小，接腳間的間距狹窄，焊接需要熟練的技術。上網搜尋就可以找到已經焊接好 MEMS 感測器晶片的電路板模組以便宜的價格販售。舉例來說，從 AliExpress、amazon.com、amazon.co.jp、秋月電子通商、aitendo、sparkfun、adafruit 都可以購得。

而BMP180的電路板模組就可以用1個1.69美金的價格從AliExpress購得。以日圓來算的話，含運費大約是 200 日圓。電路板上已經實裝有提升電阻。在日本國內也可以從 aitendo 等處購得。如果是要包含有 BMP180 的多個感測器模組，那麼 GY-87（MPU6050 HMC5883L BMP180）可以用 1 個大約 1,000 日圓的價格購得（AliExpress）。

圖 2.6 次聲波的發生源
（資料來源為 http://meteor.uwo.ca/research/infrasound/is_whatisIS.html）

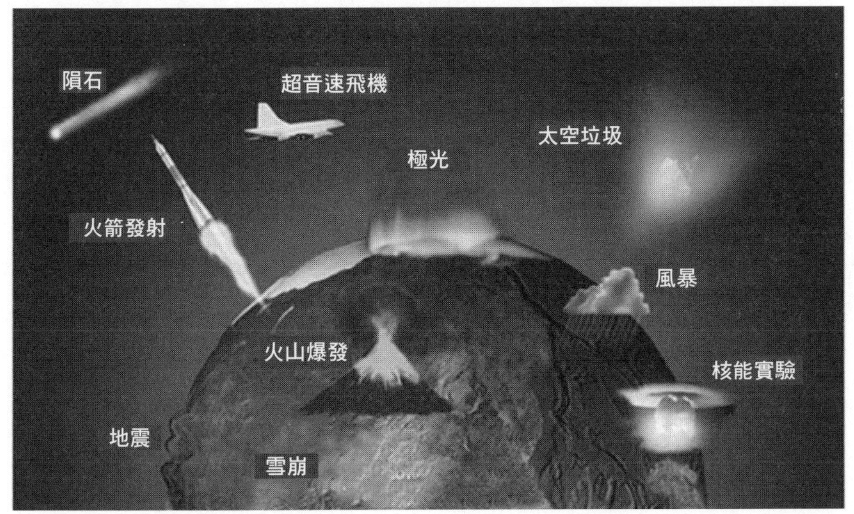

如**圖 2.7** 的迴路圖所示，將 FT232RL（秋月電子通商）、ATmega328P（秋月電子通商）、BMP180 模組（aitendo）等 3 個零件插在麵包板（秋月電子通商）上，配上 9 條單線。如果 1.2 節的 Arduino 環境設置成功，那應該就能生成 `bmp180.hex`，並將韌體寫入 ATmega328P。

讓我們試著看看在 Ubuntu 上解壓縮 `bmp180.tar` 後產生的 bmp180 資料夾吧。資料夾裡有 4 個檔案：`bmp180.ino`、`Makefile`、`SFE_BMP180.cpp`、`SFE_BMP180.h`。一般來說，被稱為 sketch 的 `xxx.ino` 檔案與 `Makefile` 是必需檔案。同一個資料夾內若有 2 個以上的 sketch，會成為錯誤的原因。

`SFE_BMP180.cpp` 與 `SFE_BMP180.h` 檔案是驅動 BMP180 模組所需的程式館。`.cpp` 是 C++ 程式檔，.h 檔案被稱為標頭檔案（Header file）。接著就讓我們來看看 bmp180.ino 檔吧。

在 Arduino 環境下，`xxx.ino` 檔案是最重要的檔案。驅動晶片所需的 `xxx.cpp` 或 `xxx.h` 檔等程式館也是必要的。`Makefile` 可以下載，不過因為很簡單，所以也可以自作。在本書所介紹的範圍內，只要下載 `xxx.tar` 就可以湊齊所需要的檔案，所以不必擔心。

圖 2.7 BMP180 電路圖與實體配線圖

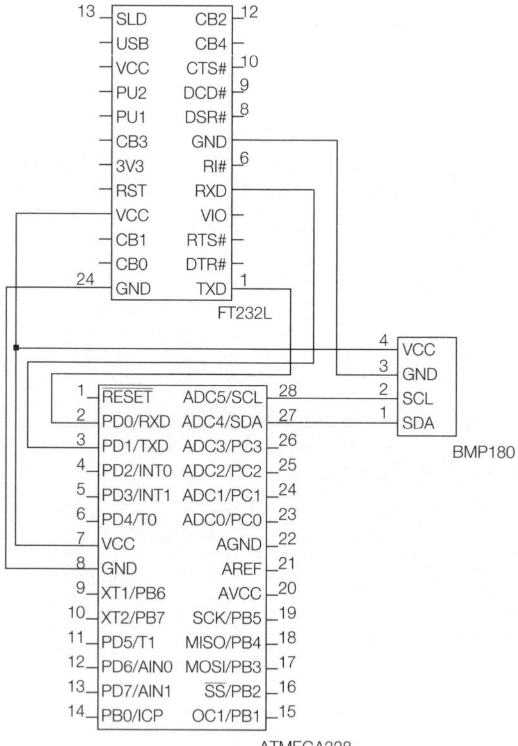

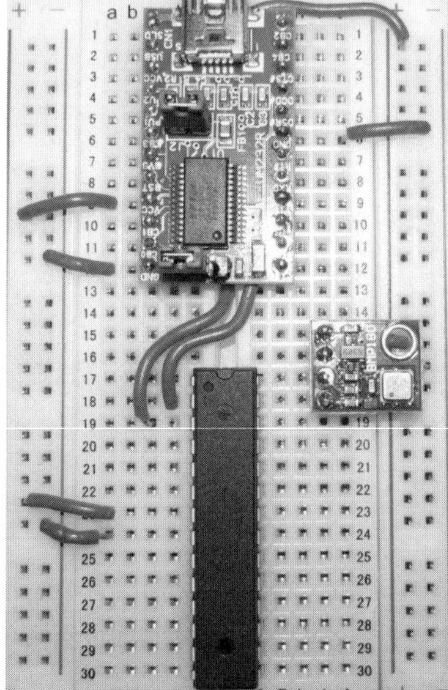

.bashrc 檔案的第 1 行應該會有如下文字。

```
take='http://web.sfc.keio.ac.jp/~takefuji'
```

.bashrc 檔案是 Bash shell 的設定檔。

```
$ echo $take
```

如果下這個指令後能顯示出 http://web.sfc.keio.ac.jp/~takefuji 的話就沒有問題。沒出現的話，請將剛才那一行文字輸入 .bashrc 檔（參照 19 ～ 20 頁）。

請啟動 Ubuntu 的 Terminal，使用以下指令下載並解壓縮 bmp180.tar 檔 †1。

```
$ wget $take/bmp180.tar
$ tar xvf bmp180.tar
$ cd bmp180
$ ls
bmp180.ino Makefile SFE_BMP180.cpp SFE_BMP180.h
$ make
```

然後執行 make 指令的話，bmp180.hex 會生成在 build-xxx（xxx 是 cli 或 atmega328）資料夾。

圖 2.7 是電路圖，原始碼 2.1 是 sketch（bmp180.ino）。如原始碼 2.1 所示，bmp180.ino 使用了 2 種程式館：<SFE_BMP180.h> 與 <Wire.h>。<Wire.h> 程式館已經安裝在 Arduino 環境下了。

▼原始碼 2.1　氣壓感測器 BMP180 的 sketch（bmp180.ino）
（參考 https://github.com/sparkfun/BMP180_Breakout）

```
#include <SFE_BMP180.h>
#include <Wire.h>
SFE_BMP180  pressure;
void setup()
{ Serial.begin(115200);
  if (pressure.begin())
    Serial.println("BMP180 init success");
  else
  { Serial.println("BMP180 init fail\n\n");
    while(1); // Pause forever.
  }
}
```

†1　1.2 節已執行過這個處理的話，就不需要再一次執行指令了。

```
void loop()
{ char status;
  double T,P,p0,a;
  status = pressure.startTemperature();
  if (status != 0)
  { delay(status);
    status = pressure.getTemperature(T);
    if (status != 0)
    { status = pressure.startPressure(0);
      if (status != 0)
      { delay(status);
        status = pressure.getPressure(P,T);
        if (status != 0)
        { Serial.println(P*100,0);
        }
      }
    }
  }
  delay(25);  // Pause for 25 mseconds.
}
```

在圖 2.7 中，BMP180 的模組電路板有 4 隻腳（VCC、GND、SCL、SDA）。這個 i2c 模組已安裝有 4.7Kω 的提升電阻。另外，SCL 與 SDA 的配線也如圖 2.7 所示。原始碼 2.1 的第 3 行的 SFE_BMP180 定義於 SFE_BMP180.h。

```
SFE_BMP180  pressure;
```

SFE_BMP180 是類別（class），現在不懂也沒關係，並不會影響到我們的作業。

sketch（bmp180.ino）有 2 個函數：setup ( ) 與 loop ( )。把 AVR 微電腦接上電源後，setup ( ) 函數只會執行一次，接下來會重覆執行無限次 loop ( ) 函數。一般來說，setup ( ) 函數中會記載有初始化設定，然後系統會記下以 loop ( ) 函數所重覆的執行。

```
status = pressure.getPressure(P,T);
```

那麼，我們就在 P（氣壓〔100 帕斯卡;百帕〕）與 T（溫度〔℃〕）中代入數值。

```
delay(25);
```

上面的 delay ( ) 是毫秒延遲函數，此處設定每延遲 25 毫秒後，以序列通訊送出氣壓數據。

```
Serial.println(P*100,0);
```

SeSerial.println ( ) 函數是指序列通訊的送訊，Serial.readline ( ) 是指收訊。

```
Serial.begin(115200);
```

上述指令是圖 2.7 所示 ATmega328P 的 2 號接腳（RXD：收訊）與 3 號接腳（TXD：送訊）的收發訊速度設定指令。此處設定為 115,200 鮑率（Baud rate）。鮑率是代表每秒傳送位元數（bps）的單位，亦即通訊速度。Arduino 的最快速度為 115,200 鮑率。FT232RL 與 ATmega328P 之間的連接，就是意味著 ATmega328P 的 TXD → FT232RL 的 RXD，以及 FT232RL 的 TXD → ATmega328P 的 RXD 之間的連接。

如圖 2.7 所示，BMP180 的晶片是用 FT232RL 的 +5V 電源來供給。

把 FT232RL 連接上電腦後，Windows OS 就會自動給出 COMPORT 編號。使用這個 COMPORT 編號就可以在電腦上進行各種處理。此處我們要用 Windows 進行氣壓變動圖表的即時顯示與氣壓數據 FFT 處理的即時圖表顯示。FFT 是指快速傅立葉轉換（FFT：Fast Fourier Transform），可以進行頻譜分析。簡而言之，就是可以計算並顯示每頻訊號強度。

原始碼 2.1 是參考 https://github.com/sparkfun/BMP180_Breakout 的 sketch 後，將之縮小。而程式館（SFE_BMP180.cpp 與 SFE_BMP180.h）則是直接拿來使用。筆者所參考的這個開放原始碼軟體可以用下列 3 個關鍵字搜尋到。除了關鍵字 bmp180 與 arduino 之外，還加上了 site:github.com 來指定搜尋場所。

🔍 bmp180 arduino site:github.com

在這裡以下列關鍵字搜尋的話，可以用 filetype:ino 來指定要搜尋的檔案類型，就可以執行 sketchxxx.ino 的搜尋。

🔍 bmp180 arduino filetype:ino

請務必在某處寫下程式館與 sketch 的出處。

chapter 1 chapter 2 chapter 3 chapter 4 chapter 5 chapter 6 chapter 7 chapter 8 appendix

接下來說明**原始碼 2.2** 的 Makefile。

▼原始碼 2.2　BMP180 的 Makefile

```
BOARD_TAG=atmega328
F_CPU=8000000L
ARDUINO_LIBS=Wire Wire/uility
ARDUINO_DIR=/usr/share/arduino
include /usr/share/arduino/Arduino.mk
```

BOARD_TAG=atmega328 是在指定 AVR 微電腦的種類。

F_CPU=8000000L 是將 AVR 微電腦的時鐘頻率（clock frequency）指定為 8MHz。

ARDUINO_LIBS=WireWire/uility 是在說明要使用 i2c 程式館。

ARDUINO_DIR=/usr/share/arduino 是在指定 Arduino 目錄。

include/usr/share/arduino/Arduino.mk 是在指定掌管 Arduino 環境的重要檔案 Arduino.mk。

此處用以下指令生成 bmp180.hex 檔案[† 2]。

```
$ make
```

編譯成功的話，會自動生成 build-xxx（xxx 是 cli 或 atmega328）資料夾，並在該資料夾中生成 bmp180.hex 檔。請按照 1.4 節的說明將 bmp180.hex 檔案寫入 ATmega328P。

也就是說，把 sketch 檔案（xxx.ino）與程式館（xxx.cpp 或 xxx.h）放入同一個資料夾，再準備好 Makefile 的話，只要一個 make 指令就能生成 xxx.hex 韌體檔案。

如圖 2.7 所示，IoT 裝置的數據是經由 USB 送至電腦。USB 通訊首先要確認 COMPORT 的號碼。把 IoT 裝置連接上電腦，打開 Windows 的「控制臺」，再打開「裝置管理員」，連擊兩下「連接埠（COM 與 LPT）」。在本案例中是「USB Serial Port （COM28）」。

如**原始碼 2.3** 所示，連接埠號碼雖然是 28，但在 Python 程式是 1。

† 2　1.2 節已執行過這個處理的話，就不需要再一次執行指令了。

請用以下指令下載 infrasound0.py。雖然用 Ubuntu 也可以執行，不過筆者在這裡是用 Cygwin 執行應用程式。

```
$ wget $take/infrasound.py
```

infrasound0.py 用了 3 種 Python 程式館：PySerial、matplotlib、collections。關於 Python 程式館的設定，請參照 4.1 節。

▼原始碼 2.3　顯示即時數據的 Python 程式（infrasound0.py）

```
import serial
import matplotlib.pyplot as plt
from collections import deque
size=100
plt.ion()
q=deque([0]*size)
ser=serial.Serial(27,115200)
axis=int(ser.readline())
lastbyte=None
line,= plt.plot(range(0,size),list(q))
if ser.isOpen():
  while True:
     x=ser.readline()
     try:
       x=int(x)
     except ValueError:
       x=0
     if x!=lastbyte:
       lastbyte=x
     q.append(x)
     q.popleft()
     d=list(q)
     plt.axis([size,0,axis-500,axis+500])
     line.set_ydata(d[::-1])
     plt.draw()
ser.close()
plt.ioff()
```

啟動原始碼 2.3 的 Python 程式後，就會如**圖 2.8** 所示，即時顯示 40Hz 的氣壓變動圖表。

圖 2.8 40Hz 的即時氣壓變動

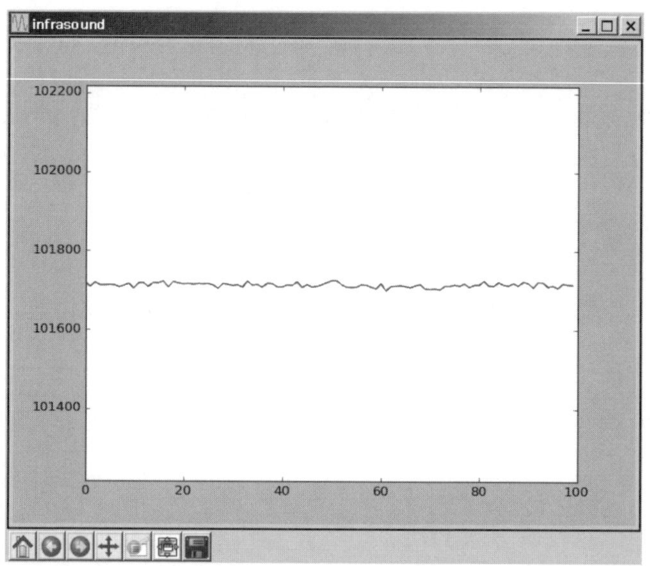


```
$ python  infrasound0.py
```

PySerial 是用來做序列通訊的程式館，collections 是用來做佇列（deque）的程式館，matplotlib 是用來做 GUI 顯示的程式館。

ser=serial.Serial（27,115200）是在設定連接埠 27、115,200 鮑率的序列通訊。因為 size=100，所以 q=deque（[0]*size）會準備大小為 100 的佇列。在佇列 q 輸入測定的數據，並將佇列 q 的內容用 matplotlib 程式館即時顯示出來。q 是以 [0] 來初始化。

matplotlib.pyplot 是繪圖的函數，但是因為名稱太長，所以用 plt 來做別名（alias）。

axis=int（ser.readline（））是序列通訊的收訊函數（ser.readline（）），會將收到的字串變換為整數（int），並將該值代入 axis。

接著用 q.append（x） 將字串 x 追加（append）至 q 佇列。以下用長度 3 的簡單 deque 為例。

```
$ python -i     ←啟動Python
>>> from collections import deque
>>> q=deque([0]*3)
>>> q
```

```
deque([0, 0, 0])
>>> q.append('1')
>>> q
deque([0, 0, 0, '1'])
>>> q.popleft()
0
>>> q
deque([0, 0, '1'])
>>> q.append('2')
>>> q.popleft()
0
>>> q
deque([0, '1', '2'])
>>> list(q)
[0, '1', '2']
>>>      ←按「Ctrl+d」鍵，結束Python
```

可以用 q.append() 與 q.popleft() 作出佇列，並以 q.append() 與 q.pop() 建構堆疊(stack)(LIFO)。用 line,=plt.plot(range(0,size),list(q)) 定義出所描繪的線，以 plt.axis([size,0,axis-500,axis+500]) 設定橫軸與縱軸，並以 line.set_ydata(d[::-1]) 與 plt.draw() 描繪氣壓變動的線圖。

執行描繪時若是將游標移動到其他畫面，程式會停止。而且每一次都要指定連接埠號碼很麻煩，所以我會用程式 infrasound.py（原始碼 2.5）解決這 2 個問題，這會在後文中說明。

接下來，用來頻率解析的 FFT 處理程式 fft.py 如**原始碼 2.4** 所示。

請用以下指令下載。

```
$ wget $take/fft.py
```

使用 numpy 程式館中的 FFT 程式館。

▼原始碼 2.4　用來處理 FFT 的 Python 程式（fft.py）

```
import serial
import matplotlib.pyplot as plt
from collections import deque
import numpy as np
from time import sleep
import serial.tools.list_ports,re
import datetime,pytz
ports = list(serial.tools.list_ports.comports())
```

```
  for p in ports:
   m=re.match("USB",p[1])
   if m:
     num=p[1].split('COM')[1].split(')')[0]
  size=1024
  fs=40.0
  dd=1.0/fs
  frq=np.fft.fftfreq(size,dd)
  print abs(frq)
  raw_input('enter any key\n')
  q=deque([0]*size)
  ser=serial.Serial(int(num)-1,115200,timeout=0.1)
  lastbyte=None
  plt.ion()
  init=int(ser.readline())
  sleep(1)
  while True:
   y=ser.readline()
   while len(y)<5:
    print 'resync...'
    ser.close()
    sleep(3)
    ser=serial.Serial(int(num)-1,115200,timeout=0.1)
    y=ser.readline()
   x=int(y)-init
   if x!=lastbyte:
     lastbyte=x
   q.append(x)
   q.popleft()
   d=list(q)
   dt=np.fft.fft(d)
   plt.axis([0,fs/40,0,max(abs(dt))])
   plt.plot(frq,abs(dt))
   plt.draw()
   plt.clf()
   plt.cla()
  ser.close()
  plt.ioff()
```

frq=np.fft.fftfreq（size,dd）是用來求取可以計算的頻譜（Frequency spectrum）的頻率值。頻譜會顯示測量到的訊號（氣壓變動值）含有多少某個頻率的正弦波。

以 dt=np.fft.fft（d）從佇列 d 的數據計算出頻譜，並將結果代入 dt。

接下來的 6 行是當序列通訊或是測定數據發生問題時，用來自動中止序列通訊並重新連接。氣壓的數據（帕斯卡值）會是 5 個文字或 6 個文字，因此以 len（y）<5 檢測出異常後，會關閉序列通訊的設定連接埠後，再開啟該連接埠。

```
while len(y)<5:
  print 'resync...'
  ser.close()
  sleep(3)
  ser=serial.Serial(int(num)-1,115200,timeout=0.1)
  y=ser.readline()
```

接下來，**原始碼 2.5** 的內容為序列埠自動辨識與即時動畫顯示的 Python 程式「infrasound.py」。

請用以下指令下載 infrasound.py。

```
$ wget $take/infrasound.py
```

▼原始碼 2.5　infrasound.py

```
import sys, serial
import numpy as np
from time import sleep
from collections import deque
import matplotlib.pyplot as plt
import matplotlib.animation as anime
import serial.tools.list_ports,re
import datetime,pytz
ports = list(serial.tools.list_ports.comports())
for p in ports:
 m=re.match("USB",p[1])
 if m: num=p[1].split('COM')[1].split(')')[0]
class AnalogPlot:
  def __init__(self):
      self.ser = serial.Serial(int(num)-1, 115200,timeout=0.1)
      self.ax = deque([0]*100)
      self.maxLen = 100
  def addToBuf(self, buf, val):
      if len(buf) < self.maxLen:
          buf.append(val)
      else:
          buf.pop()
          buf.appendleft(val)
  def add(self, data):
      self.addToBuf(self.ax, data[0])
  def update(self, frameNum, a0):
      try:
          data = self.ser.readline().split()
          self.add(data)
          a0.set_data(range(self.maxLen), self.ax)
      except KeyboardInterrupt:
          print('exiting')
```

```
        return a0
    def close(self):
        # close serial
        self.ser.flush()
        self.ser.close()
    def init(self):
        return int(self.ser.readline())
analogPlot = AnalogPlot()
init=analogPlot.init()
print(str(datetime.datetime.now(pytz.timezone('Asia/Tokyo'))))
while True:
    fig = plt.figure('infrasound')
    ax = plt.axes(xlim=(0, 100), ylim=(init-500, init+500))
    a0 = ax.plot([], [])
    anim = anime.FuncAnimation(fig, analogPlot.update,
                                         fargs=(a0),
                                         interval=25)
    plt.show()
    analogPlot.close()
```

利用 2 個程式館 importserial.tools.list_ports,re，以下列 4 行指令，自動將連接埠號碼代入變數 num。

```
ports = list(serial.tools.list_ports.comports())
for p in ports:
 m=re.match("USB",p[1])
 if m: num=p[1].split('COM')[1].split(')')[0]
```

接下來簡單介紹 re.match ( ) 函數、for ( ) 迴路函數（loop）、if ( ) 函數、split ( ) 函數。

```
ports = list(serial.tools.list_ports.comports())
```

利用上列指令，將全部的 COMPORT 資訊代入 ports。在 Windows 上從 Cygwin 啟動 Python。

```
$ python -i
>>> import serial.tools.list_ports,re
>>> ports = list(serial.tools.list_ports.comports())
    ...: for p in ports:
    ...:   m=re.match("USB",p[1])
    ...:   if m: num=p[1].split('COM')[1].split(')')[0]
>>> print ports
[('COM20', 'BT Port (COM20)', 'BLUETOOTH\\0004&0002\\20'), ('C
OM21', 'BT Port(COM21)', 'BLUETOOTH\\0004&0002\\21'), ('COM28'
, 'USB Serial Port (COM28)','FTDIBUS\\VID_0403+PID_6001+AH01KT
WFA\\0000'), ('COM22', 'BT Port (COM22)', 'BLUETOOTH\\0004&000
2\\16')
```

]re.search（pattern,string）函數與 re.match（）函數不同，只要 string 中含有 pattern 字串就會回到 True。

這裡可以看出 ports 的數據構造是類似 [（aaa,bbb,ccc）,...,（xxx,yyy,zzz）]。如果想找出 COM28，只要切出第 2 個數據即可，如 bbb 或 yyy 等。forpinports：函數是用來將 ports 要素一個一個取出。另外，還可以很容易地將需要的要素從 p 的數據中擷取出來。p[0] 是擷取最初的數據，而 p[1] 則是擷取第 2 個數據。

m=re.match（"USB",p[1]）函數是非常方便的函數。"USB" 字串若是存在於 p[1]，m 即為 True，若是不存在則為 False。此處將 **'USB Serial Port （COM28）'** 代入 p[1]。

split（）用來分離字串是很方便的函數。split（'xxx'）函數是以 xxx 字串為界，若是 [0] 則擷取出 xxx 前的字串，若是 [1] 則擷取出 xxx 後方的字串。

以 p[1].split（'COM'）[0] 擷取『**USB Serial Port （**』字串。

以 p[1].split（'COM'）[1] 擷取『**28）**』字串，並且更進一步以 split（'）'）[0] 擷取『**28**』字串。

若在空格使用 split（''）函數時，如下例所示。

```
In [1]: a='USB Serial Port (COM28)'
In [2]: a.split(' ')[0]
Out[2]: 'USB'
In [3]: a.split(' ')[1]
Out[3]: 'Serial'
In [4]: a.split(' ')[2]
Out[4]: 'Port'
In [5]: a.split(' ')[3]
Out[5]: '(COM28)'
```

因此，num=p[1].split（'COM'）[1].split（'）'）[0] 即是在變數 num 中代入 28。

如上所述，當你不知道數據構造時，可以一邊觀察數據構造一邊進行交互程式設計。re.match（）及 split（）函數是在做文字處理時不可或缺的函數，所以請充分理解它的使用方法。

交互程式設計的環境就是 IPython。IPython 的安裝請參照 1.2.4。

原始碼 2.5 是使用 matplotlib 程式館的 animation 函數，來進行圖表的即時顯示。如果使用原始碼 2.3 的即時顯示程式，那麼若是將游標移動到別的畫面，程式就會停住。

用這個原始碼 2.5 的 animation 函數就可以解決這個問題。

ylim=（init-500,init+500）是用來設定縱軸標度。只要將 500 變更至 50，詳細圖表就會顯示在畫面上。為了更徹底地了解各種功能，各位讀者可以自己試著玩玩看各種參數。

2.2.2 SPI 介面的 FlashAir SD 卡

SD 卡依其快閃記憶體的容量，分為 SD（最大至 2GB）、SDHC（4GB 至 32GB）、SDXC（48GB 以上）。此處使用東芝販售的具備 Wi-Fi 功能的 SD 卡，接下來介紹 FlashAir。本書是利用 SD 卡的 SPI 模式來開發 IoT 裝置。FlashAir 有 Station 模式（連接無線區域網路）、無線存取點模式（FlashAir 即為無線區域網路的母機）、Station+ 無線存取點模式（兩模式同時開啟）。Station 模式及 Station+ 無線存取點模式慢到不能用，然而無線存取點模式卻很穩定。FlashAir 會自動行使伺服器功能。

首先將 FlashAir 的韌體升級到最新版。

在 Windows 上，從下列網站下載並安裝 FAFWUpdateToolV2_v20003.exe 後，將 FlashAir 插上電腦，升級至最新版。

http://www.toshiba.co.jp/p-media/english/download/wl/FAFWUpdateToolV2_v20003.exe

從下列網站下載並安裝 FlashAirTool。

https://www.toshiba.c」o.jp/p-media/download/wl/FlashAir.exe

圖 2.9 為 FlashAir 的網路設定畫面。連擊兩下 FlashAirTool，設定「FlashAir SSID」與「FlashAir 密碼」，並將「重新導向（redirect）功能」關至「OFF」。

原始碼 2.6 所示為 FlashAir 的 sketch 案例。在本案例中，類比 A0 的數據會每 5 秒寫入 text.txt 一次。text.txt 可經由網路存取。

FlashAir 可作為無線區域網路存取點，而且若是將 SSID 無線連接至 FlashAir，就可以網路連接 FlashAir。FlashAir 會自動成為連接本地位址（local IP）的裝置。

圖 2.9 FlashAir 網路設定

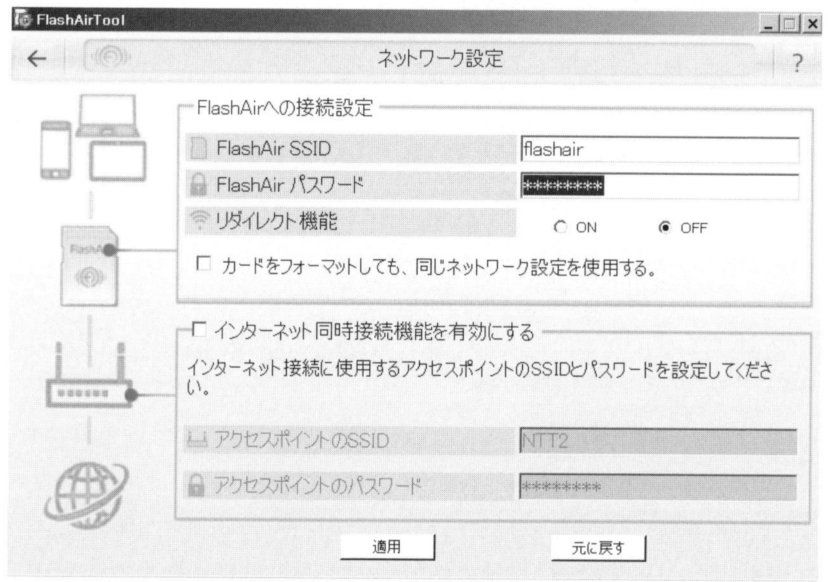

▼原始碼 2.6 A0 類比數據以每 5 秒一次的速度寫入 sketch 至 SD

```
#include <SD.h>
const int chipSelect = 4;
void setup(){
        Serial.begin(9600);
        while (!Serial);
        if (!SD.begin(chipSelect)) {
                Serial.println("Card failed");
                return;
        }
        Serial.println("card initialized.");
}
void loop(){
        String  dataString = String(analogRead(0));
        File dataFile = SD.open("text.txt",FILE_WRITE);
        if (dataFile) {
                Serial.println(dataString);
                dataFile.println(dataString);
                dataFile.close();
                        }
        delay(5000);
}
```

請將 FlashAir 插入 SD 卡槽，並將 FT231X 與電腦進行 Micro USB 連接。確認 FlashAir 的 SSID 後，連接 Windows 的無線區域網路。

以 Cygwin 執行以下指令，就會顯示 ATmega328P 的類比（A0）量測數據。

lynx 指令是以文字為基底的 Web 瀏覽器指令[†3]。

FlashAir 實際上是意味著本地位址「192.168.0.1」，而其所連接的裝置會自動被編上「192.168.0.x」的位址。利用「flashair/test.txt」，可以存取 FlashAir 伺服器上的檔案。

```
$ lynx -dump flashair/test.txt
54
18
...
```

FlashAir 的接腳配置如**圖 2.10** 所示。FlashAir SD 卡與 Arduino 的 SPI 連接為 CS（D4）、CLK（SCK：D13）、DI（MOSI：D11）、DO（MISO：D12）。V_{SS} 是連接至 GND，而 V_{DD} 是連接至 +5V。如果使用秋月電子通商出品的 SD 卡槽 DIP 化模組，可以比較簡單地完成 IoT 裝置。因為 DIP 化模組上的 SPI 接腳已經安裝有提升電阻了。

圖 2.10 FlashAir 的接腳配置

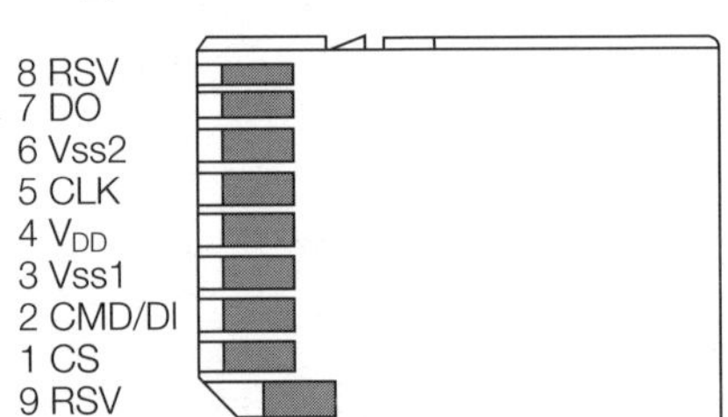

圖 2.11 的電路圖中，使用了 USB 序列變換模組（FT231X：FTDI 出品）、FlashAir、ATmega328P。FlashAir 的可達距離約為 5m，請選購型號 w-03 的產品。

FlashAir 的實裝電路如**圖 2.12** 所示。

† 3 若 Cygwin 中尚未安裝 lynx 指令，請關閉 Cygwin，啟動 Cygwin Setup，在對話框「Search」中搜尋並安裝「lynx」。

圖 2.11 FlashAir 的電路圖

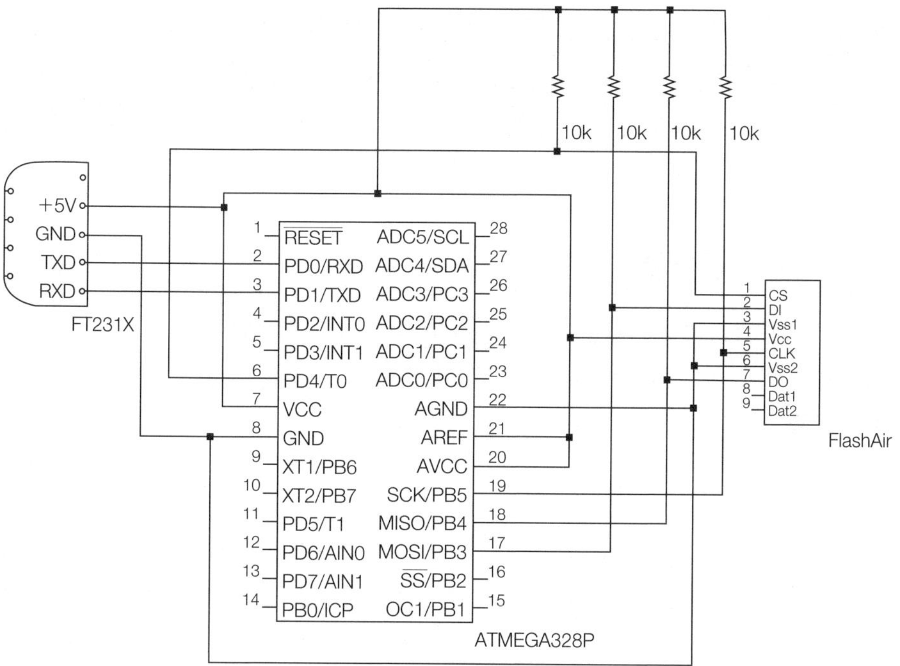

圖 2.12 FlashAir 的實裝電路

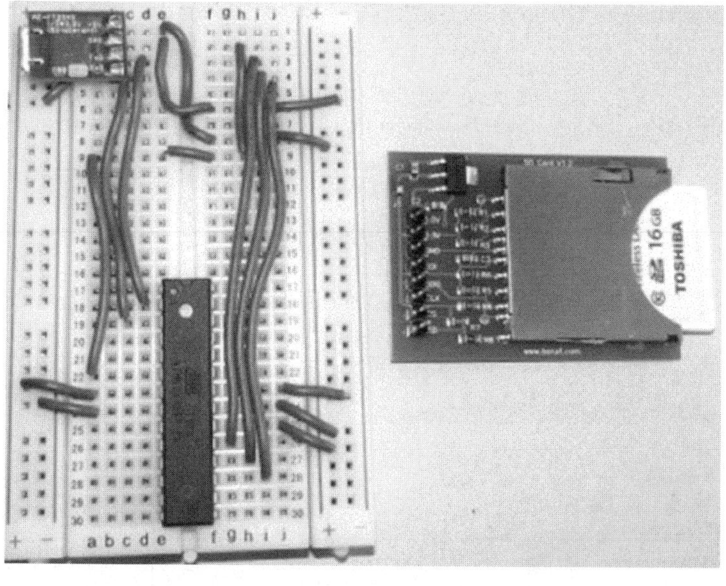

請使用以下指令下載檔案，生成 flashair.hex。

```
$ wget $take/flashair.tar
$ tar xvf flashair.tar
$ cd flashair
$ make
```

flashair.hex會生成在build-xxx（xxx是cli或atmega328）資料夾。

2.2.3 Wi-Fi 序列模組（ESP8266）

現在已經可以用非常便宜的價格購入 Wi-Fi 序列模組了（筆者是從 AliExpress 以 300 日圓購入的）。ESP8266 模組具備 Wi-Fi 串列介面功能，無線可達距離長，還有 Station 模式與無線存取點模式。在日本若要使用無線模組，除了功能微弱的無線模組以外，都需要取得技適認證（Technical Conformity Mark）才行。

如果距離無線模組 3m 處的電場強度在 35 μV/m 以下的話，就不需要技適認證。

本書將介紹 ESP8266 模組的雙模式（Station 模式或無線存取點模式）。**圖 2.13** 所示為 ESP8266 模組的接腳配置，連接的接腳為 RX、VCC、CH_PD、TX、GND 等 5 隻。CH_PD 與 VCC 連接至 +3.3V。連接 Wi-Fi 模組與麵包板時，可以用 aitendo 上面賣的排針（Pin header）用連接線，會很方便。

圖 2.13 Wi-Fi 序列模組（ESP8266）
（http://www.extragsm.com/blog/2014/12/03/connect-esp8266-to-raspberry-pi/）

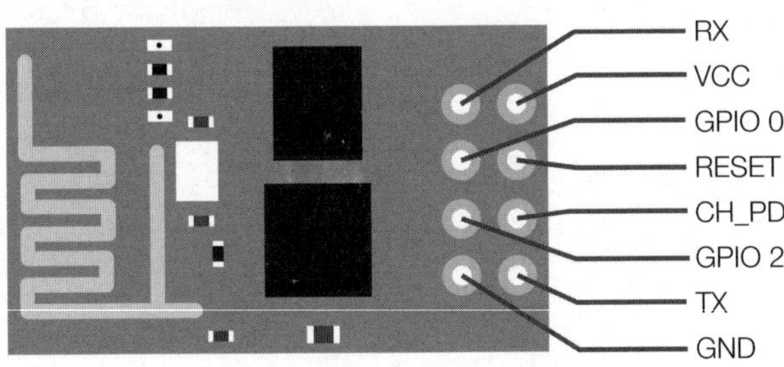

在 Station 模式下，ESP8266 會作為子機直接連接作為母機的無線路由器，以 Arduino 測定的數據，可以用 IP 連接無線區域網路存取數據。筆者參考了下列網站的 sketch，將之作為可網路存取的伺服器進行了設計。

https://github.com/imjosh/espBasicExample/archive/master.zip

想要簡單地動作這個模組，祕訣在於使用 USB 序列通訊手動設定 Wi-Fi 模組。請一邊執行 ESP8266 的設定指令、一邊確認動作，並進行網路設定。想經由 FT232RL 的 USB 來進行電腦與 Wi-Fi 模組的通訊，必須安裝 Python 的 PySerial 程式館。請從 Cygwin 使用以下指令來安裝。

```
$ pip install pyserial
```

使用 AVR 寫入器的 FT232RL，以 USB 序列通訊設定 ESP8266 模組。連接 FT232RL 的 TX 與 ESP8266 的 RX；FT232RL 的 RX 與 ESP8266 的 TX；FT232RL 的 +3.3V 與 ESP8266 的 VCC、CH _ PD。也不要忘了 GND 的連接。請從 Cygwin 執行以下指令，並設定 ESP8266。

```
$ miniterm.py -p /dev/ttySxx
```

miniterm.py 是非常方便的序列通訊指令。「-p」是連接埠的設定，「-b」是鮑率的設定。

/dev/ttySxx 的 xx 是連接埠號碼減 1 的值。它會按以下順序執行指令。指令為 "SSID"，除了「密碼」之外，其他全部都是大寫。

AT	hello 指令
AT+CWMODE=3	存取點+ Station 模式
AT+RST	重新啟動
AT+CWJAP="SSID",”密碼”	輸入無線區域網路路由器的 SSID 與密碼
AT+CIPMUX=1	可連接多個 TCP 用戶端
AT+CIPSERVER=1,8080	設定伺服器連接埠為 8080
AT+CIFSR	確認 Wi-Fi 模組的 IP

需要注意的是，這個模組的耗電量很大，因此供給模組的電力必需要穩定才行。耗電量大的話，一般來說會引起急劇的電壓變化，電壓會在一瞬間下降。為了應付急劇的電壓變化，需要用旁路電容（Bypass Capacitor）來強化電源線路。旁路電容是為了安定急劇的電壓變化而裝置的電容器。將數個 47mF 與

0.1mF 的陶瓷電容器（ceramic capacitor）折短腳後，插入電源線路（+3.3V 與 GND 之間）。

請在 Ubuntu 執行以下指令來下載 Arduino 程式。

```
$ wget $take/esp8266.tar
$ tar xvf esp8266.tar
$ cd esp8266
```

使用編輯器輸入 web.ino 檔案內的 SSID 與密碼。

```
$ make
```

將 hex 檔案寫入 ATmega328P。

原始碼 2.7 所示為 sketch 的例子。這個 sketch 是參考下列網站修改而成。

https://github.com/yOPERO/ESP8266/blob/master/webserver.ino

▼原始碼 2.7　Wi-Fi 模組（ESP8288）的 sketch（web.ino）

```
#include <SoftwareSerial.h>
#define SSID "xxx"       //your wifi ssid here
#define PASS "yyy"       //your wifi wep key here
SoftwareSerial dbgSerial(2, 3); // RX, TX
boolean sendAndWait(String AT_Command, char *AT_Response, int
wait){
  dbgSerial.print(AT_Command);
  Serial.println(AT_Command);
  delay(wait);
  while ( Serial.available() > 0 ) {
    if ( Serial.find(AT_Response)  ) {
        dbgSerial.print(" --> ");
        dbgSerial.println(AT_Response);
    return 1;
    }
  }
  dbgSerial.println(" fail!");
  return 0;
}
boolean connectWiFi(String NetworkSSID,String NetworkPASS){
  String cmd = "AT+CWJAP="+NetworkSSID+","+NetworkPASS;
  Serial.println(cmd);
```

```
    delay(100);
    while ( Serial.available()>0 ) {
      if(Serial.find("OK")){dbgSerial.write(Serial.read());}
    }
  }
  void http(String output) {
    Serial.print("AT+CIPSEND=0,");
    Serial.println(output.length());
    delay(50);
    Serial.println(output);
    dbgSerial.println(output);
  }
  void webserver(void) {
    http("A0: "+String(analogRead(A0)));
    delay(50);
    sendAndWait("AT+CIPCLOSE=0","",500);
  }
  void setup()
  {
    Serial.begin(9600);
    Serial.setTimeout(1000);
    dbgSerial.begin(9600);
    delay(10);
    dbgSerial.println("hello");
    sendAndWait( "AT","OK",300);
    delay(100);
    sendAndWait( "AT","OK",300);
    delay(100);
    dbgSerial.println("CWMODE=3");
    Serial.println("AT+CWMODE=3");
    delay(500);
    dbgSerial.println(Serial.read());
    dbgSerial.println("RST");
    Serial.println("AT+RST");
    delay(5000);
    dbgSerial.println("connectWiFi");
    connectWiFi(SSID,PASS);
    sendAndWait("AT+CIPMUX=1","OK",800);
    Serial.println("AT+CIPSERVER=1,8080");
    delay(500);
    dbgSerial.println("ip address:");
    Serial.println("AT+CIFSR");
    delay(500);
    while ( Serial.available() ) {
      dbgSerial.write(Serial.read());
    }
    dbgSerial.println();
    dbgSerial.println( "Start Webserver" );
```

```
}
void loop() {
  while (Serial.available() >0 ) {
    char c = Serial.read();
    if (c == 71) {
      dbgSerial.println("Send Web Request");
      webserver();
    }
  }
}
```

圖 2.14 所示為 Wi-Fi 模組（ESP8266）的電路圖與實裝電路。連接 ESP8266 與 ATmega328P 的 RX⇔TXD 以及 TX⇔RXD，並將 FT232RL 的 RXD、TXD 與 SoftwareSerial 的 RX、TX 連接起來。

圖 2.14　Wi-Fi 模組（ESP8266）電路圖與實裝電路

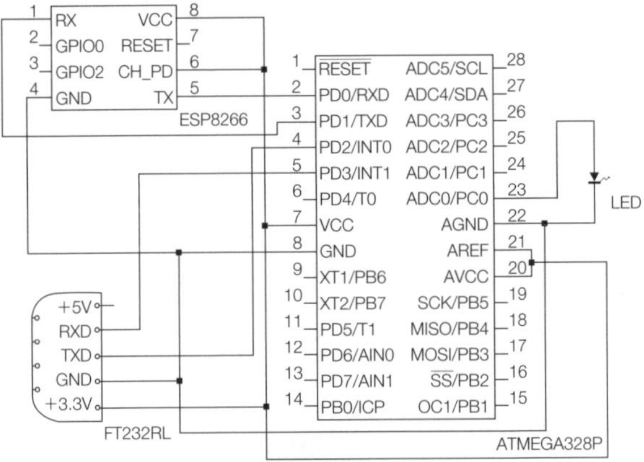

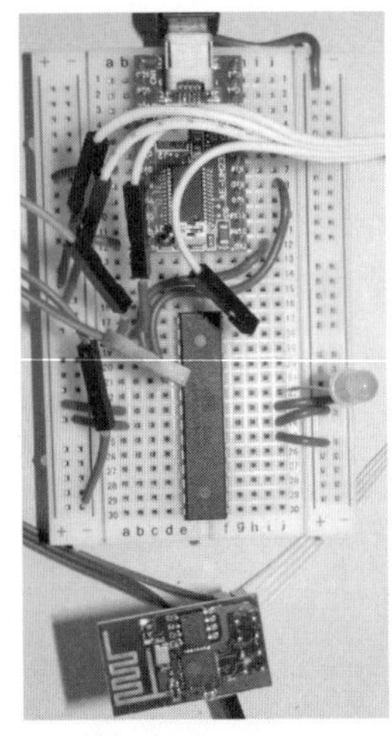

Wi-Fi 模組（ESP8266）以 Station 模式連接至無線區域網路路由器，Wi-Fi 模組會自動被分配 IP 位址。請使用該 IP 與連接埠號碼（8080）嘗試存取類比連接埠（A0）的數據。因為 A0 連接著 LED，所以 LED 的電動勢會因為明亮程度而變化。原始碼 2.8 所示為 Python 程式 esp8266.py。

▼原始碼 2.8　Wi-Fi 模組（ESP8266）的數據存取程式（esp8266.py）

```
import os
import socket
from time import sleep
host='192.168.1.21'     // 被分配至Wi-Fi模組的IP位址
port=8080
so=socket.socket()
so.connect((host,port))
while 1:
  so.send("G\n")
  m=so.recv(50)
  print m
  sleep(1)
os._exit(0)
```

以原始碼 2.8 的第 6 行 so=socket.socket（）與第 7 行 so.connect（（host,port））連接至 Wi-Fi 模組（ESP8266）。利用 so.send（"G\n"）將文字『G』送訊至 Arduino。接著 Arduino 會回訊。在 Arduino 有原始碼 2.7 所示之 loop（）函數，因此只要文字『G』來到 Wi-Fi 模組，每次都會執行 webserver（）函數。

webserver（） 函 數 會 執 行 http（"A0:"+String（analogRead（A0）））;，然後將 "A0：A0 的 D-A 變換值（0 至 1023）" 傳送至電腦。A0 的 D-A 變換值是每秒（sleep（1））顯示一次。

利用原始碼 2.8 中的 m=so.recv（50），將從 ESP8266 傳送過來的字串代入變數 m，並以 printm 將變數 m 的值顯示在畫面上。在 Arduino 則是利用 loop（）函數內的 if（c==xx）{} 函數，簡單地建構給 Arduino 的各種命令。不止是 if 函數，也可以使用 switch 函數。

```
switch (c) {
  case 'G':
    // statement1
    break;
  case label:
    // statement2
    break;
```

```
    default:
      // statement3
  }
```

以 Cygwin 執行 esp8266.py 程式，就會顯示測量到的數據。

```
$ python -i esp8266.py
A0: 377
A0: 384
...
```

ESP8266 模組的 MAC 位址是 18：FE：34：9D：wx：yz。最初的 8 位數是固定的。想從 MAC 位址得知 IP 位址的話，請執行以下指令。此處使用的指令組被稱為外殼指令（Shell Commands）（arp，grep，awk），只要知道指令的使用方法，就能很簡單地用一行指令完成處理。

```
$ arp -a | grep '18-fe-34-9d' | awk '{print $1}'
```

或者也可以從下列網站下載 fing，安裝在 Windows 上[† 4]。

http://www.overlooksoft.com/getfing4win

請打開 Cygwin 執行以下指令。這樣在 LAN 裡面的全部 IP 位址與 MAC 位址都會顯示出來。Android 設備中也有 fing 的 App，所以很方便。

2.2.4 IoT 裝置所需的印刷電路板設計（PCBE）

PCBE 是可以免費使用的簡易印刷電路板編輯器。請用以下關鍵字搜尋並下載 PCBE。

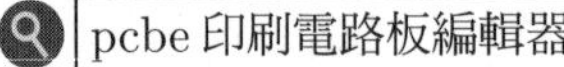

† 4　這是在安裝時的設定項目，請設定為 PATH。

安裝 PCBE 後，請下載並設定 PCBE 的零件程式館（Part Library）。

```
$ cd /cygdrive/c/pcbe      ←以PCBE預設值下載時，會是這個檔案夾
$ wget $take/pcbe_yt.lib
```

啟動 PCBE，從選單進入「設定」－「程式館設定」對話框，將「程式館一覽」中的「pcbe_yt.lib」移動至「使用程式館」。以下簡單說明主要選單。

1. 圖形是用來選定零件程式館的。在下拉式列表中選擇「pcbe_yt.lib」，即可使用所下載的零件程式館。舉例來說，「1.1_pad_2lay」指的是孔徑 1.1mm，雙層焊墊（pad）之意。如果不懂零件的意思，只要選擇零件就會顯示出來，請自己試試看。
2. 圖形是指印刷電路板的線。線的粗細請在「孔徑（aperture）」選單中選擇。請選擇 0.175 以上的粗細。
3. 「設定」－「網格（grid）」是重要的功能。預設值是 0.1524。
4. 圖形是選擇零件的功能。在此可選擇線材及零件。可將選擇的線材及零件移動／複製／貼上／剪下。
5. 圖形是用來移動選擇好的零件。
6. 「圖層（layer）」選單是用來選擇圖層的功能。此處有「模式（pattern）-A」、「模式 -B」、「網版（silk）-A」、「網版 -B」、「抗蝕層（resist）-A」、「抗蝕層 -B」、「外形」、「孔」等 8 層。
7. 選擇「檔案」－「Gerber 輸出」，將用 PCBE 作成的圖輸出為 Gerber 檔。
   如果使用 Fusion PCB 服務的話，10 張 5cm×5cm 電路板的價格為 9.99 美金＋（運費）。
   請於「模式 -A」的檔名處輸入 `pcbname.GTL`
   「模式 -B」的檔名處輸入 `pcbname.GBL`
   「網版 -A」的檔名處輸入 `pcbname.GTO`
   「網版 -B」的檔名處輸入 `pcbname.GBO`
   「抗蝕層 -A」的檔名處輸入 `pcbname.GTS`
   「抗蝕層 -B」的檔名處輸入 `pcbname.GBS`
   「外形」的檔名處輸入 `pcbname.GML`，「孔」的檔名處輸入 `pcbname.TXT`。

8. 點擊「Gerber 輸出設定」的「輸出」鍵，就會生成 8 個檔案。把這 8 個檔案做成 1 個 zip 檔。把這個 zip 檔上傳至 Seeed Studio 並購買，數週後就會收到電路板了。

http://www.seeedstudio.com/service/index.php?r=pcb

圖 2.15 PCBE 的選單

圖 2.16 Gerber 輸出設定

這裡最重要的是零件配置。必須以 2 層銅線做出所有的配線。配線就像是解謎一樣的工作。模式 -A 為表面的銅，模式 -B 為背面的銅。網版 -A/B 用於敘述接腳名稱。抗蝕層 -A/B 也被稱為防焊層（mask）。有焊接的銅線全部的面都要用抗蝕層面覆蓋，用以防焊。如果不用抗蝕層面來防焊，銅線會無法焊接。使用「外形」層的線包圍電路板，作為斷面線。

選擇線、圓、四角來繪製模式。線的粗細以「孔徑」設定，要在哪一層繪製怎樣的線就以「圖層」來選擇。線與線之間要距離 0.2mm 以上較好。印刷電路板的模式如果有問題的話，Seeed Studio 會連絡客戶。

筆者設計了 Raspberry Pi 用的 i2c 介面電路板。設計這個電路板時，筆者考慮到了各種感測器的電路板。GY-80 的感測器電路板搭載有以下 4 個感測器；GY-801 的感測器電路板上是將 BMP085 變更成 BMP180。

L3G4200D（3 軸陀螺儀：0x69）
ADXL345（3 軸加速度：0x53）
HMC5883L（地磁力：0x1E）
BMP085（0x77）

Arduino 也可以搭載在電路板上。**圖 2.17** 所示即為該模式。
請以 Cygwin 使用以下指令下載 PCBE 檔案。

```
$ wget $take/i2c_blue.pcb
```

圖 2.17　Raspberry Pi 用 i2c 介面電路板（可搭載 Arduino）

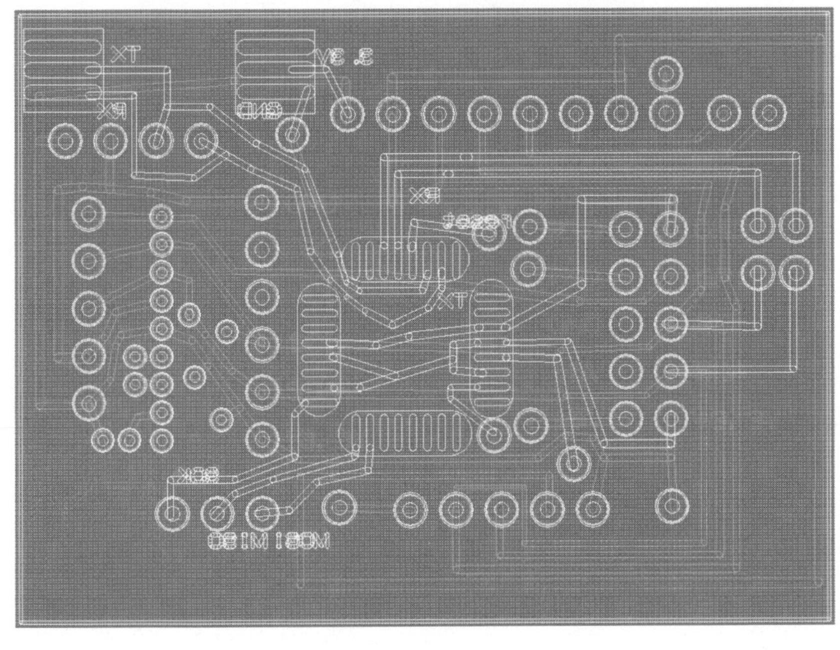

Chapter 3
構成 IoT 的開放原始碼軟體

只要安裝了 Arduino 開發環境，就可以使用以下 10 個預設的程式館。

EEPROM、Firmata、LiquidCrystal、Servo、SPI、Wire、Ethernet、SD、SoftwareSerial、Stepper

其中常用的有 8 個：

EEPROM：EEPROM 的讀取及寫入
LiquidCrystal：液晶顯示器的控制
Servo：伺服機的控制
SPI：SPI 裝置的控制
Wire：i2c 裝置的控制
SD：SD 裝置的控制
SoftwareSerial：序列通訊軟體版本
Stepper：步進馬達的控制

前面已經在 2.2.1 介紹過 i2c 裝置──氣壓感測器（BMP180）的控制；在 2.2.2 介紹過 SPI 裝置── FlashAir（附 Wi-Fi 無線功能的 SD 裝置）的控制；在 2.2.3 介紹過 SoftwareSerial。

這一章將介紹伺服機（SG90）、LCD（16×2）、內建有微電腦的 RGB LED 模組（NeoPixel）、阻抗、數位、轉換器（AD5933）。用 Arduino 控制 AD5933 的程式館不是沒有，但是筆者找不太到可以完美動作的 sketch。所以本章中將介紹除了使用 Arduino 以外，以最後的手段── C 語言所開發的案例「AD5933」。

3.1 使用 Servo 程式館控制伺服機

伺服機（SG90）如**圖 3.1** 所示。伺服機上有 3 條線（橘色：PWM 控制線；紅色：+5V；茶色：GND）。茶色與紅色線會連接 5V 電源；橘色線會在送出 PWM 訊號後，依脈衝寬度改變角度。在秋月電子通商可以用 1 個 400 日圓的價格買到，在 amazon.co.jp 則是 2 個 560 日圓。

http://akizukidenshi.com/catalog/g/gM-08761/

圖 3.1　伺服機 SG90

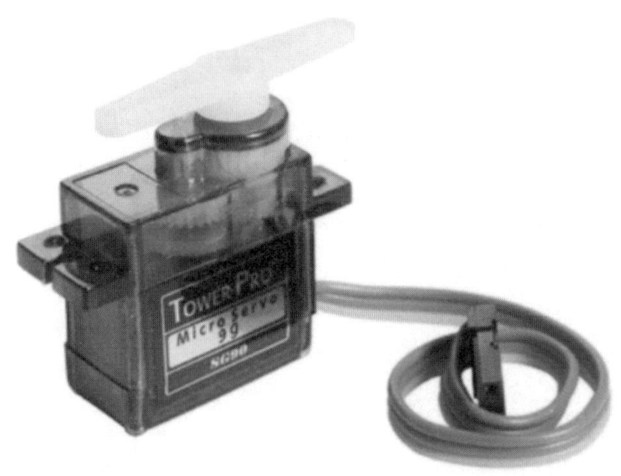

原始碼 3.1 所示為 servo.py。關於 s=serial.Serial（17,9600）的數字 17，請配合 COMPORT 號碼更改。

```
$ wget $take/servo.py
```

▼原始碼 3.1　servo.py

```
import serial
s=serial.Serial(17,9600)
while 1:
 c=raw_input("enter: ")
 if(s.isOpen()):
  s.write(str(c)+'\r\n')
  s.flush()
```

請用以下指令來執行。輸入角度的數字後，伺服機會配合角度動作。

```
$ python -i servo.py
enter: 180        ←輸入180，伺服機會傾至180度
enter: 0          ←輸入0，伺服機會傾至0度
```

圖 3.2 所示為伺服機（SG90）的電路圖。SG90 的 PWM 控制輸入是連接至 Arduino 的數位接腳 9 號。此處是 ATmega328P 的 15 號接腳。詳情請參照圖 2.2、2.3 的 Arduino（ATmega328）接腳構成。

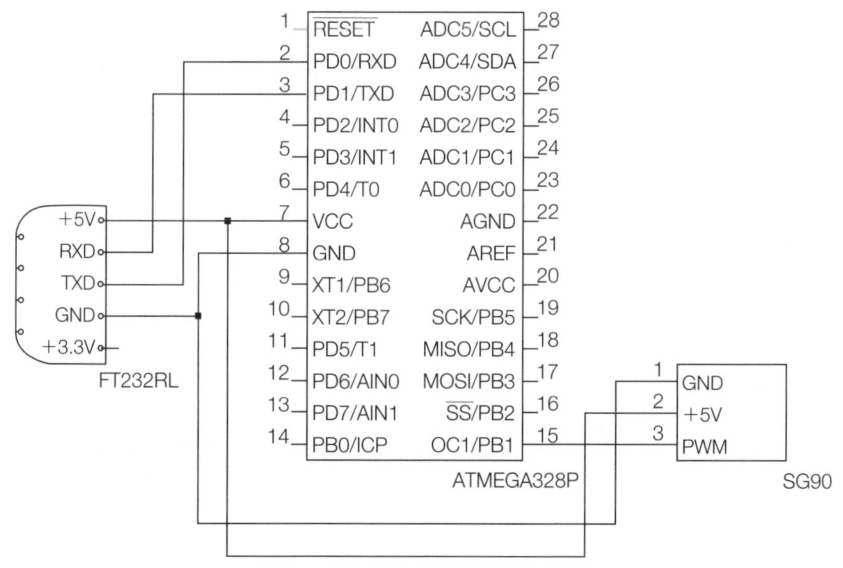

圖 3.2 伺服機（SG90）的電路圖

原始碼 3.2 所示為 sketchservo.ino。

▼原始碼 3.2 servo.ino

```
#include <Servo.h>
String data;
Servo myservo;
void setup() {
  Serial.begin(9600);
  myservo.attach(9);
}
void loop() {
  char c;
  while(Serial.available()>0) {
    c=Serial.read();
    if(c!='\n'){
```

```
      data +=c;
    }
    else{
      int i = data.toInt();
      myservo.write(i);
      data="";
    }
  }
}
```

原始碼3.2中，是用#include<Servo.h>讀取程式館用Stringdata;將序列通訊送來的伺服機角度數據保存在字串data中。另外，以Servomyservo;宣告myservo，並且以myservo.attach(9)來將ATmega328P的數位9號接腳用於伺服機的控制。以myservo.write(i)將角度數據送到伺服機。i的值為0至180。Servo程式館最多可支援12個伺服機。

各位讀者可以從 Ubuntsu 的 Terminal 使用以下指令下載全部的檔案，並生成 servo.hex。

```
$ wget $take/servo.tar
$ tar xvf servo.tar
$ cd servo
$ make
```

若沒有問題的話，servo.hex 檔會生成在 build-xxx（xxx 是 cli 或 atmega328）資料夾裡。

3.2 使用 Wire（i2c）程式館控制 LCD

接下來介紹 i2c 介面的 16x2 字元型液晶顯示器模組的使用方法。附有變換電路板的 LCD 模組也內建有 i2c 的提升電阻（10kΩ），作業起來會比較簡單。筆者用的是下列網站中，秋月電子通商出品的模組。

http://akizukidenshi.com/catalog/g/gK-08896/

如前所述，選擇模組時，程式館的有無是開發 IoT 裝置的關鍵。在選擇液晶模組時，控制器則是決定性的關鍵詞。本書所介紹的液晶模組的控制器為 ST7032。筆者是用 ST7032 與 Arduino 這 2 個關鍵字來找到 ST7032 程式館的。

ST7032 Arduino

https://github.com/tomozh/arduino_ST7032

接著筆者參考上列網站，試做了 sketch。用 sketch 來使電腦的鍵盤輸入內容直接顯示在 ST7032 上。並且可以用 "$" 文字來清除畫面。

請從 Ubuntsu 的 Terminal 使用以下指令生成 st7032.hex。然後將 st7032.hex 寫入 ATmega328P。

```
$ wget $take/st7032.tar
$ tar xvf st7032.tar
$ cd st7032
$ make
```

連接電路板介面的接腳共有 4 根，如**圖 3.3** 所示，為 +V、SCL、SDA、GND。

圖 3.3 16×2 字元型液晶顯示器模組 i2c

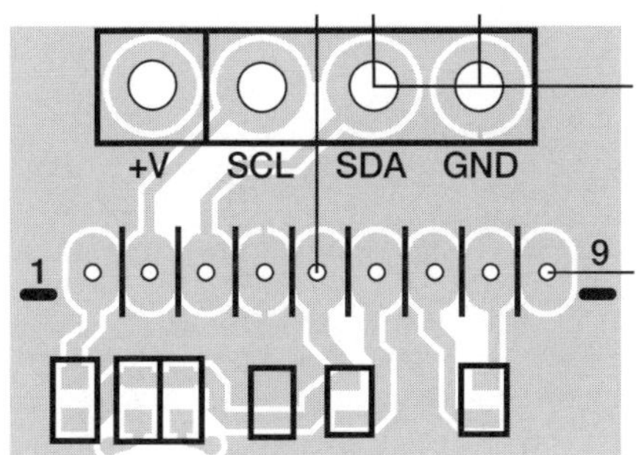

電路圖如**圖 3.4** 所示。沒有什麼比較困難的地方，不過連接 LCD 的電源電壓是 5V。

原始碼 3.3 所示為 serial.ino。

▼原始碼 3.3 serial.ino

```
#include <Wire.h>
#include <ST7032.h>
String data;int i=0;
ST7032  lcd;
void setup(){
  lcd.begin(16, 2);
```

```
    lcd.setContrast(10);
    Serial.begin(9600);
    lcd.clear();
  }
  void loop(){
    char c;
    while(Serial.available()>0){
      c=Serial.read();
      if(c=='$'){lcd.clear();i=0;break;}
      data.concat(c);
      lcd.print(c);i++;
      if(i==16){lcd.setCursor(0,1);}
      if(i==32){lcd.setCursor(0,0);i=0;Serial.println(data);}
    }
  }
```

圖 3.4　i2c 介面的 16×2 字元型液晶顯示器電路圖

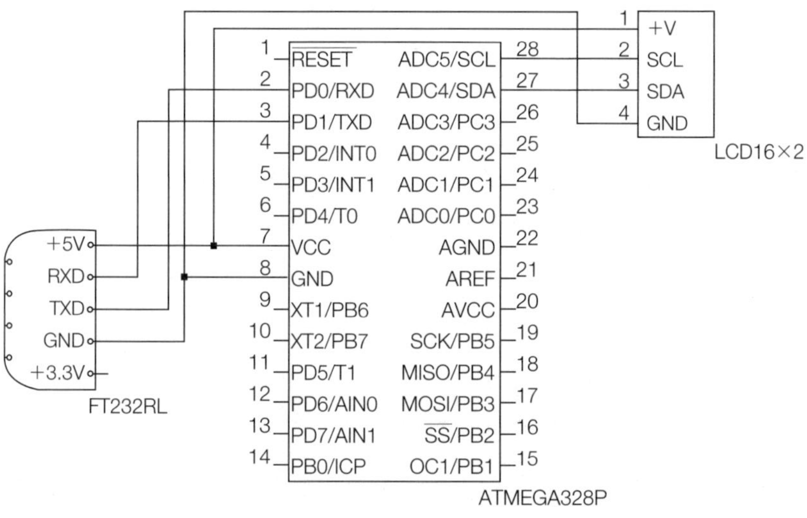

此處用了 2 個程式館── i2c（Wire.h）與 ST7032（ST7032.h）。利用定義 ST7032lcd;，可以使用 ST7032 程式館所有的功能。以 lcd.begin（16,2）;將之設定為 16×2 的 LCD。

以 lcd.setContrast（10）; 設定對比。以 lcd.clear（）;初始化 LCD。變數 i 代表顯示文字的位置。lcd.setCursor（0,1）;的（0,1）代表第 2 行第 1 個文字。設定上，變數 i 達到 16 個文字的話，文字顯示的位置就會移到下一行。lcd.setCursor（0,0）;也是一樣，（0,0）是第 1 行第 1 個文字的位置資訊。

serial.ino 在剛才打開的 st7032 資料夾裡。

此時請打開 Windows 的 Cygwin 終端機，執行以下 miniterm.py 程式。

```
$ miniterm.py -p /dev/ttySxy     ←xy是FT232RL的（連接埠號碼－1）的數字
```

鍵盤輸入的文字會顯示於 ST7032；輸入 $ 則會清除畫面。

筆者組合了 2 個裝置的程式館，試著設計出更複雜的 IoT 裝置。此處嘗試製作將溫度濕度感測器 HDC1000 的值顯示於 ST7032 上的 IoT 裝置。除了剛才的 sketch，筆者追加了以下指令。以 "#" 指令將溫度濕度的量測值顯示於 ST7032。筆者是以 Arduino 與 HDC1000 等 2 個關鍵字搜尋到以下的 HDC1000 程式館。

Arduino HDC1000

https://github.com/ftruzzi/HDC1000-Arduino

使用 ST7032 程式館與 HDC1000 程式館等 2 個程式館所改良的 IoT 裝置如**圖 3.5** 所示。ST7032 裝置與 HDC1000 裝置，兩者皆為 i2c 介面匯流排通訊。使用 i2c 匯流排時，每個裝置都是以獨立的位址來識別。因此，i2c 匯流排可以用獨立位址來存取裝置。

圖 3.5　ST7032 液晶模組與溫度濕度感測器 HDC1000

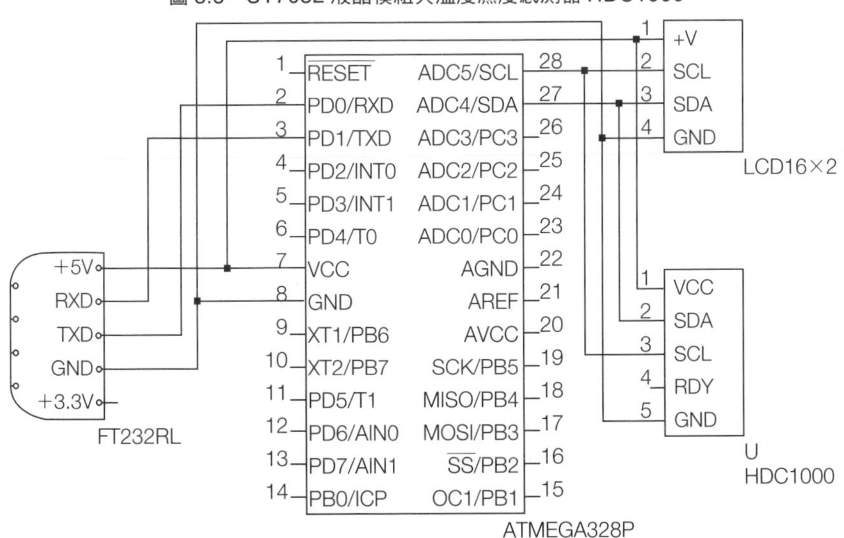

圖 3.5 ST7032 液晶模組與溫度濕度感測器 HDC1000（接續上圖）

原始碼 3.4 所示為雙裝置的 sketch。i2c 的位址沒有出現在 sketch 的原因是 i2c 的獨立位址敘述於裝置各自的程式館中。

▼原始碼 3.4 HDC1000 與 ST7032 的 sketch（hdc1000_serial.ino）

```
#include <Wire.h>
#include <ST7032.h>
#include <HDC1000.h>
HDC1000 mySensor;
String data;int i=0;
ST7032 lcd;

void setup(){
  mySensor.begin();
  lcd.begin(16, 2);
  lcd.setContrast(10);
  Serial.begin(9600);
  lcd.clear();
}
void loop(){
  char c;
  while(Serial.available()>0){
    c=Serial.read();
    if(c=='$'){lcd.clear();i=0;break;}
    if(c=='#'){
      lcd.setCursor(0,0);
      lcd.print("temp:");
      lcd.print(mySensor.getTemp());
```

```
        lcd.setCursor(0,1);
        lcd.print("humid:");
        lcd.print(mySensor.getHumi());
        Serial.print("Temperature: ");
        Serial.print(mySensor.getTemp());
        Serial.print("C, Humidity: ");
        Serial.print(mySensor.getHumi());
        Serial.println("%");
        delay(1000);i=0;break;
      }
      data.concat(c);
      lcd.print(c);i++;
      if(i==16){lcd.setCursor(0,1);}
      if(i==32){lcd.setCursor(0,0);i=0;Serial.println(data);}
    }
  }
```

data.concat(c);函數的意思是 append（追加）文字 c 於字串 data。Serial.print()函數與 Serial.println()函數的不同處在於後者在末尾會附上回車（ASCII 碼 13 或 '\r'）與換行（ASCII 碼 10 或 '\n'）後送出。序列通訊預設最高速度為 115,200 鮑率。

像這樣將功能抽象化，就可以讓設計者就算不懂原理也能設計，藉以縮短程式設計開發的時間。從 Ubuntun 的 Terminal 可以使用以下指令下載全部檔案並生成 hdc1000_st7032.hex。

```
$ wget $take/hdc1000_st7032.tar
$ tar xvf hdc1000_st7032.tar
$ cd hdc1000_st7032
$ make
```

hdc1000 _ st7032.hex 會生成於 build-xxx（xxx 是 cli 或 atmega328）資料夾。

3.3 使用 Adafruit 程式館控制內建有微電腦的 RGB LED（NeoPixel）

內建微電腦的 RGB LED（NeoPixel）是以 1 條輸入線（DI）表現各種顏色（255×255×255），可從下列網站的秋月電子通商購得附電路板的 LED。

http://akizukidenshi.com/catalog/g/gM-08414/

內建微電腦的 RGB LED 可以連結很多個（**圖 3.6**）。這裡只說明 1 個的控制方式。此處的硬體其實很單純，連接線有 VDD（+5V）、GND、DI（色彩控制輸入）等 3 條。DO 是在連結時才使用。

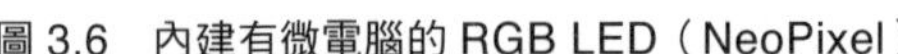
圖 3.6　內建有微電腦的 RGB LED（NeoPixel）

原始碼 3.5 所示為 sketch。將 NeoPixel 的 DI 連接至 ATmega328P 的數位接腳 2 號，使其重覆「紅色→綠色→藍色→白色→黃色→橘色→紫紅色→藍綠色→彩虹色」的變化。

▼原始碼 3.5　內建有微電腦的 RGB LED（NeoPixel）的 sketch（neo.ino）

```
#include <Adafruit_NeoPixel.h>
#define PIN 2
Adafruit_NeoPixel strip =
    Adafruit_NeoPixel(60, PIN, NEO_GRB + NEO_KHZ800);
uint32_t Wheel(byte WheelPos) {
  if(WheelPos < 85) {
    return strip.Color(WheelPos * 3, 255 - WheelPos * 3, 0);
  } else if(WheelPos < 170) {
    WheelPos -= 85;
    return strip.Color(255 - WheelPos * 3, 0, WheelPos * 3);
```

```
    } else {
      WheelPos -= 170;
      return strip.Color(0, WheelPos * 3, 255 - WheelPos * 3);
    }
  }
  void colorWipe(uint32_t c, uint8_t wait) {
    for(uint16_t i=0; i<strip.numPixels(); i++) {
      strip.setPixelColor(i, c);
      strip.show();
      delay(wait);
    }
  }
  void rainbow(uint8_t wait) {
    uint16_t i, j;
    for(j=0; j<256; j++) {
      for(i=0; i<strip.numPixels(); i++) {
        strip.setPixelColor(i, Wheel((i+j) & 255));
      }
      strip.show();
      delay(wait);
    }
  }
  void setup() {
    strip.begin();
    strip.show(); // Initialize all pixels to 'off'
  }
  void loop() {
    colorWipe(strip.Color(255, 0, 0), 40); // Red
    colorWipe(strip.Color(0, 255, 0), 40); // Green
    colorWipe(strip.Color(0, 0, 255), 40); // Blue
    colorWipe(strip.Color(255, 255, 255), 40); // white
    colorWipe(strip.Color(255, 255, 0), 40); // Yellow
    colorWipe(strip.Color(255, 67, 0), 40); // Orange
    colorWipe(strip.Color(255, 0, 255), 40); //Magenta
    colorWipe(strip.Color(0, 255, 255), 40); //Cyan
    rainbow(50);
  }
```

電路圖如**圖 3.7** 所示。

接下來試試看用電腦控制 LED。**原始碼 3.6** 所示僅有 sketch 的 setup ( ) 與 loop ( ) 函數。從電腦送出 r 的話，會做出七彩變化；送出 b 的話，會把 LED 關掉；送出 w 的話，會變成白色；送出 g 的話，會變成綠色。詳細內容請下載 $take/neo_uart.tar。

▼原始碼 3.6 neo_uart.ino 的 setup ( ) 與 loop ( ) 函數

```
void setup() {
  strip.begin();
  strip.show();
  Serial.begin(9600);
}
void loop() {
  char c;
  c=Serial.read();
  if(c=='b'){colorWipe(strip.Color(0, 0, 0), 40);}
  if(c=='g'){colorWipe(strip.Color(0, 255, 0), 40);}
  if(c=='w'){colorWipe(strip.Color(255, 255, 255), 40);}
  if(c=='r'){rainbow(50);}
}
```

圖 3.7 內建有微電腦的 RGB LED（NeoPixel）電路圖

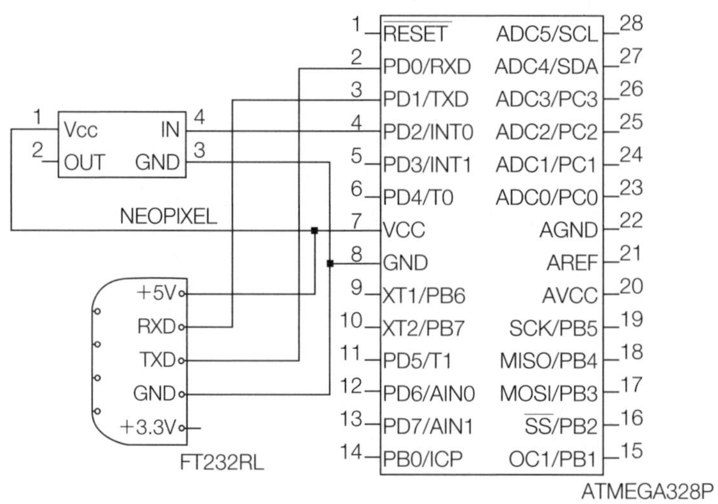

3.4 阻抗、數位、轉換器（AD5933）

有時候即使已經裝了 Arduino 的程式館，裝置也動不了。這時要怎麼辦呢？AD5933 晶片是由 Analog Devices 公司出品，能夠測定阻抗的複雜晶片。由於最近的健康風潮，生物阻抗受到了眾人的矚目。因此有許多關於醫用生體工學與運動工學的應用研究。

使用生物電阻抗分析法可以測量身體組成。因為電流較難通過脂肪，較易通過肌肉等含有較多電解質的組織，所以能夠利用這樣的性質來測定身體組成。

身體組成的測量雖然是由日本企業領先，但是最近中國企業正緊追在後。

這個技術是用 X 光 CT 掃描或 fMRI 測定正確的脂肪量及肌肉量，計算阻抗計量測結果的相關性後將之補正。阻抗的測定點與頻率扮演了重要的角色。其中可能會有個體差異，所以可能也需要個體差異的補正。

那麼阻抗是什麼呢？簡而言之，阻抗就是對交流訊號的電阻值。直流電可以用歐姆定律簡單地說明：

$$電壓 = 電阻 \times 電流$$

而交流電則有頻率這個參數。阻抗是以複數（complex number）來表現。以複數來表現的阻抗 Z 如下：

$$Z=R+jI$$

R 是實部（real part），I 是虛部（imaginary part）。看到這裡覺得自己快不行了的人，請再加油忍耐一下。

大家應該還記得，國中有學過 2 次方程式

$$aX^2+bX+c=0$$

而 2 次方程式的解為

$$X = \frac{-b \pm \sqrt{b^2-4ac}}{2a}$$

$\sqrt{b^2-4ac}$ 根號中的 $b^2\text{-}4ac=D$ 被稱為判別式。判別式的 D 值可以用來判別是否有解。

請大家回想一下在學校學過的內容：若 $D<0$（負），則實數解有 0 個（無解）；若 $D>0$（正），則實數解有 2 個；若 $D=0$，則實數解有 1 個。

判別式只會判定其是否為複數，藉由導入 $j=\sqrt{-1}$ ，才可以不必思考判別式，簡化 2 次方程式的計算。

根據 Wikipedia 的資料，吉羅拉莫·卡爾達諾（Gerolamo Cardano）在 1500 年代解開 3 次方程式時，是複數首次為人所使用。吉羅拉莫的父親據說是李奧納多·達文西的朋友。

因為 $j=\sqrt{-1}$ ，所以 j^2=-1。電阻器的阻抗 Z 在直流的狀況下為

$$Z=r \text{（}r\text{：電阻器的電阻值）}$$

但若是電阻器有線圈成分 L 的話，則阻抗 Z 為

$$Z=r+j\omega L$$

角頻率為

$$\omega=2\pi f$$

f 代表頻率。
若有電容器 C 時，阻抗 Z 為

$$Z=r+\frac{1}{j\omega C}$$

不論線圈成分或電容器成分如何複雜，一般來說阻抗 Z 都是以下式表示。

$$Z=R+jI$$

用這裡所介紹的晶片（AD5933），測定目標物的阻抗 Z，即可測知實部 R 與虛部 I 的值。

現在的電子迴路中會出現直流成分電阻（電阻 r），線圈成分（電感 L），電容器成分（電容 C）。阻抗測定器因為價格昂貴，個人很難出手購買，但如果自作的話，就可以用便宜成本製作高性能的阻抗測定器。請大家使用阻抗測定器來測定各種阻抗，進行各種有趣的實驗。

這裡所介紹的專案（project）只要搜尋網路就能找到，但是製作出來後單純只是限定目標物並測定阻抗，就可以算得上是碩博士研究論文的難度了。

AD5933 晶片的接腳配置如**圖 3.8** 所示，它是具備 i2c 介面的晶片；晶片內部的功能如**圖 3.9** 所示，晶片上有 VIN 與 VOUT。類比交流訊號會經由運算放大器從 VOUT 出來。訊號通過測定目標物後，收到的類比訊號會再次經由運算放大器調整振幅輸入 VIN。輸入的訊號經由多個過濾器，經 A-D 轉換後，

再輸入 DFT（Discrete Fourier Transform：離散傅立葉轉換）模組。

圖 3.8　AD5933 接腳配置

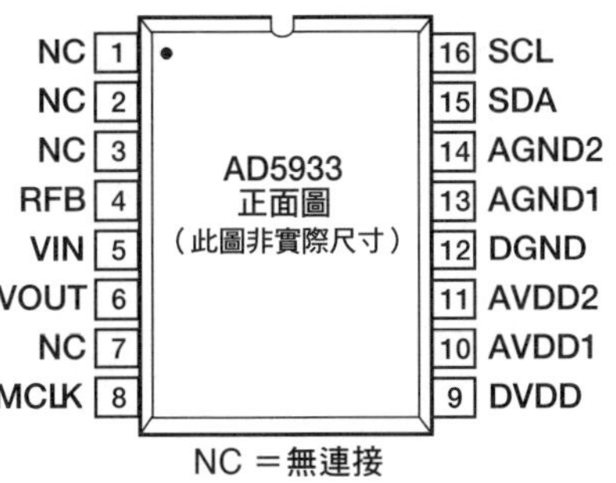

圖 3.9　AD5933 內部詳圖

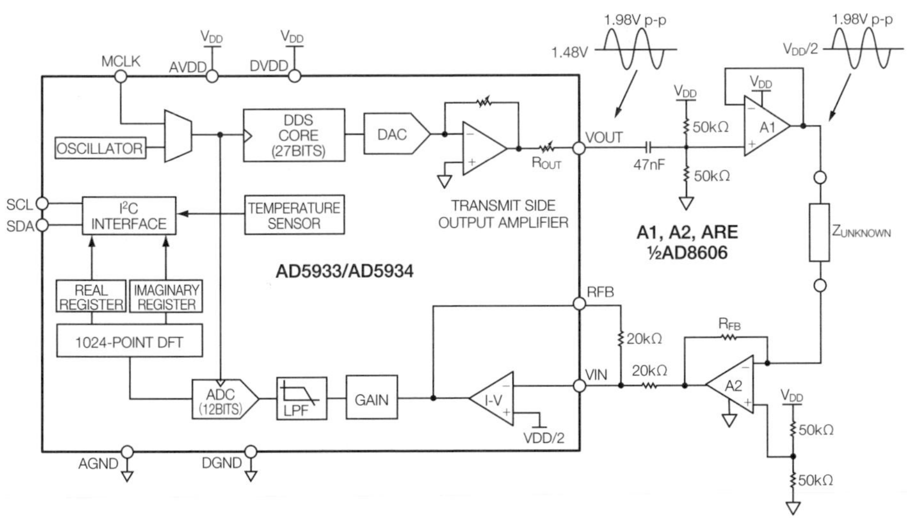

能夠以 DFT 模組即時演算實部值與虛部值，並經由 i2c 取出演算結果。此模組為 12 位元，具備 1MSPS（MillionSamplesPerSecond）的 A-D 轉換功能，可測定阻抗的最大值為 100kHz。手冊上寫了，正常狀能下是 1kΩ 至 10MΩ，但若使用外部電路的話，100Ω 至 1kΩ 也是可能的。

從 VOUT（$2V_{p\text{-}p}$）（p-p 意指「peak to peak」）的訊號取出目標物的阻抗 Z，選擇電阻值的參數，將到達 VIN 的訊號增益設為 1。增益計算所用的詳細電路圖如圖 3.10 所示。

圖 3.10 阻抗 Z 在 5Ω 左右時，增益 1 之測試電路

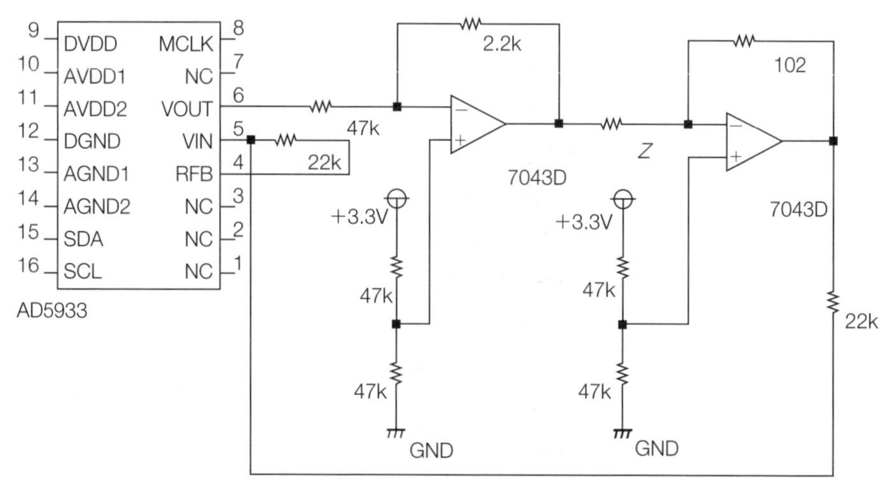

當 VDD=3.3V 時，以 VOUT=$2V_{p\text{-}p}$，從圖 3.10 的電路可以下式求得增益。

$$\text{增益} = \frac{2.2\,\mathrm{k}}{47\,\mathrm{k}} \cdot \frac{102}{Z} \cdot \frac{22\,\mathrm{k}}{22\,\mathrm{k}} = 1$$

使測定目標之阻抗 Z 在 4.8Ω 左右時，增益為 1。

試作機的電路圖如**圖 3.11**，試作機實裝如**圖 3.12** 所示。以 102Ω 與 22kΩ 的比率，可正確測定 5Ω 左右的阻抗。經筆者實驗，阻抗至 50Ω 左右為止，以上的電阻值設定可以順利動作。

基於以下的原理，可測定並計算正確的阻抗。

一般來說，可以用下式計算振幅 V，實部值 R 與虛部值 I 可以用 AD5933 模組來測定。

$$V = \sqrt{R^2 + I^2}$$

另外，可以用下式計算位相 p。

$$p = \tan^{-1} \frac{I}{R}$$

此處可以用下式計算增益係數。若已知電阻 r 用於校正，則因為阻抗 $Zc=r$，所以只要用測定所得之 V，即可計算增益係數 G。

$$G = \frac{1}{Z_c V} = \frac{1}{rV}$$

圖 3.11 AD5933 試作機（以 FT232RL 除錯）

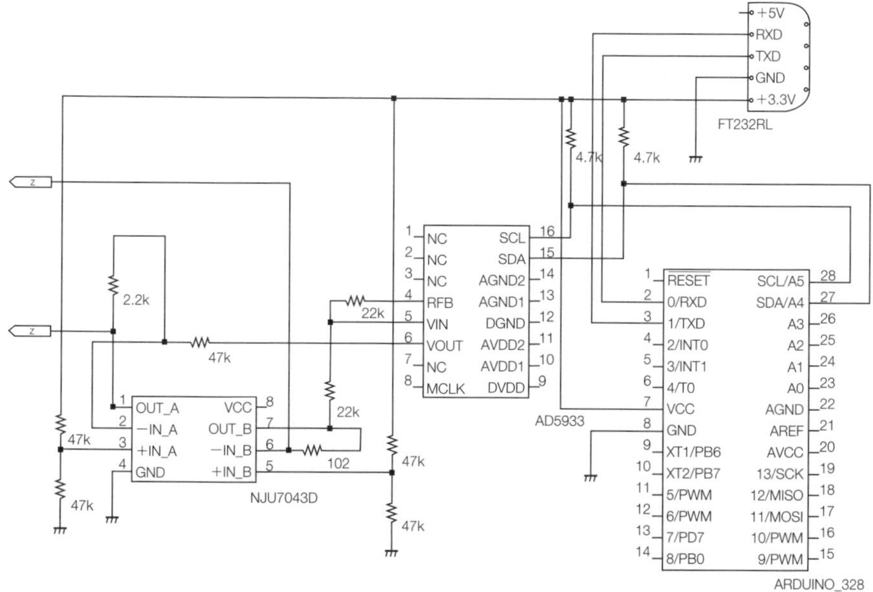

圖 3.12 實裝的試作機（AD5933）

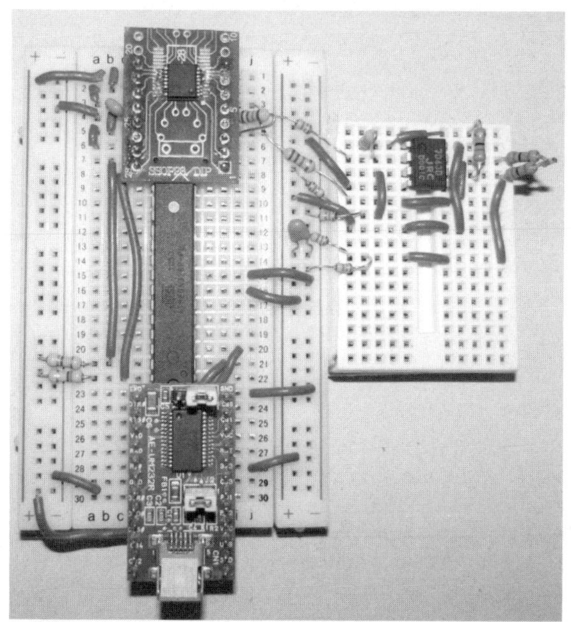

由於使用了電阻 r 的校正，增益係數 G 為已知，所以只要測出 V 就能很容易地計算出未知的阻抗 Z。

$$Z = \frac{1}{GV}$$

由於增益若不在 1 左右就無法正確計算，所以未知阻抗的可測定範圍是有限的。

筆者是參考下列網站，開發了 AD5933 的開放原始碼軟體。

https://github.com/openebi

可以從 Ubuntu 的 Terminal 使用以下指令下載 ad5933.tar 檔，生成 main.hex 檔案。

```
$ wget $take/ad5933.tar
$ tar xvf ad5933.tar
$ cd ad5933
$ make
```

檢視 ad5933 資料夾，會發現其中沒有 xxx.ino 檔案。這個專案並不是 Arduino 用的軟體。程式是由序列通訊程式館 usart0.h、i2c 程式館 twi.h、序列通訊與 i2c 的設定 board.h、AD5933 程式館 ad5933.h，以及主要程式 main.c 所構成。

在此擷取主要程式 main.c 的重要部分於**原始碼 3.7**。

▼原始碼 3.7　AD5933 的 main.c 程式的一部分

```
switch (cmdbuf[0]) {
  case 's':
    sweep(stdout,opts.average,opts.fstart,opts.fincr,
        opts.gainp);
    break;
  case 'p':
    sscanf(&cmdbuf[1], "%lf %lf %lf %u %u %hhu %hhu %hhu %hhu",
      &opts.gainp, &opts.fstart, &opts.fincr, &opts.nincr,
      &opts.tsettle, &opts.xtsettle, &opts.nrange,
      &opts.pgagain, &opts.average);
    if (opts.tsettle > 511) opts.tsettle = 511;
    if (opts.xtsettle != 1 && opts.xtsettle != 2 &&
```

```
        opts.xtsettle != 4)
      opts.xtsettle = 1;init_ad5933(&opts);
    break;
  case 'f': freerun(stdout);
    break;
  case 'o': print_options(stdout, &opts);
    break;
  case 't': ad5933_meas_temperature();_delay_ms(10);
    int tempdata=ad5933_get_temperature();
    if(tempdata&0x2000==1){tempdata -=0x4000;}
    printf("temperature=%.1f\n",(double)tempdata/32);
    break;
  case 'h':
    printf("OpenEBI " "\n"
      "Copyright (c) 2012-2013 Kim H Blomqvist\n");
    break;
  default: printf("Command 'h' for help\n");
    break;
```

接下來，將 AD5933 試作機以 USB 連接至電腦，從 Cygwin 執行下列指令。

```
$ miniterm.py -p /dev/ttySxx -e
```

以指令 h 顯示選單。

```
s       Runs a frequency sweep. Output is in "R I" format.
p       Sets sweep options. The argument order is as in options
        struct.
f       Freerun using the programmed start frequency. Abort with
        ESC.
o       Prints the current options.
t       temperature
h       Shows this help.
```

以指令 o 顯示重要參數；以指令 s 可以因應所設定的參數進行掃描（Sweep）並顯示。所謂掃描，是指把起始頻率（fstart）加上增量頻率（fincr），並予以 nincr 的計算結果。

所有的參數都可以用指令 p 來設定。

指令 p 的設定例如下所示，此例中顯示了 10 個結果。

```
$ p 215945 10000 100 10
10000.0  52.31 phase=-1.45 magnitude= 885.32
10100.0  52.21 phase=-1.45 magnitude= 886.89
```

```
10200.0  52.14 phase=-1.44 magnitude= 888.22
10300.0  52.51 phase=-1.43 magnitude= 881.82
10400.0  52.79 phase=-1.43 magnitude= 877.27
10500.0  53.27 phase=-1.43 magnitude= 869.28
10600.0  53.44 phase=-1.43 magnitude= 866.49
10700.0  53.51 phase=-1.44 magnitude= 865.41
10800.0  53.33 phase=-1.44 magnitude= 868.30
10900.0  53.08 phase=-1.45 magnitude= 872.42
```

```
$ o
-gainp     = 215945.00
-fstart    = 10000.00
-fincr     = 100.00
-nincr     = 10
-tsettle   = 10
-xtsettle  = 1
-nrange    = 1
-pgagain   = true
-average   = 16
```

筆者利用 Seeed Studio 服務，試作了 PCB 電路板。測得的數據可以經由 Bluetooth 接收。

Bluetooth（4 個接腳：VCC，GND，TX，RX）可以用數百日圓自 AliExpress 購得。

bluetooth 4 pin

在 AliExpress 的網站上用下列關鍵字搜尋，可以找到大約 3 美金的 Bluetooth 模組（HC-06 或 HC-07）。

與 AliExpress 相比，在日本 aitendo 的價格大約是 2 倍。

PCB 電路板如**圖 3.13**，電路圖如**圖 3.14** 所示。

如果想要圖 3.13 的 Gerber 檔案及 `i2cAD5933.pcb`，請與作者連絡（takefuji@sfc.keio.ac.jp）。

圖 3.13 AD5933 的 PCB 電路板

圖 3.14 AD5933 的 PCB 電路

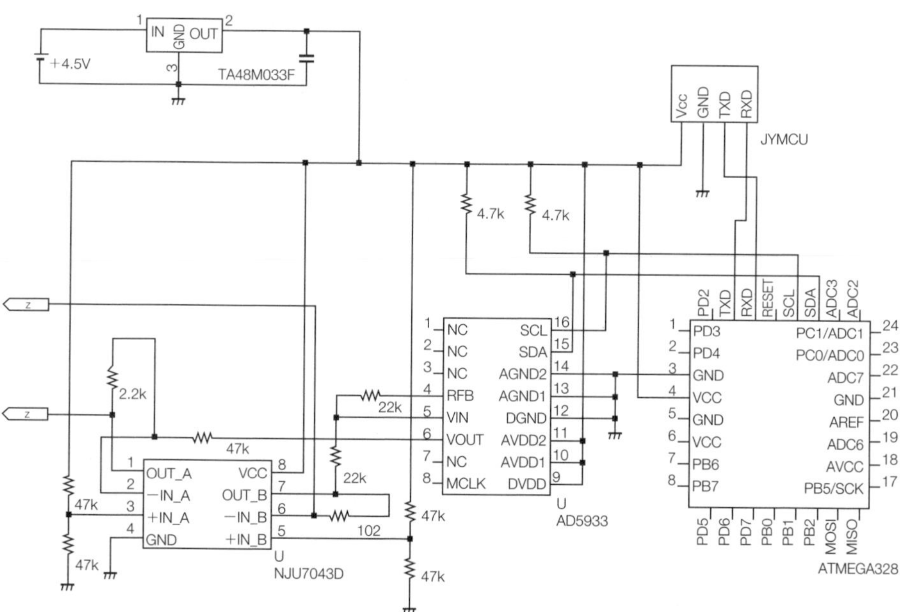

3.5 Python 開放原始碼的運用

Python 上有各種開放原始碼軟體。Chapter 4 以後會具體介紹實際運用於自動駕駛的開放原始碼影像處理封包「OpenCV」、應用了人工智慧技術的開放原始碼機器學習封包「scikit-learn」、使用於大數據統計分析的「statsmodels」、模仿人類大腦功能的深度學習（深度神經網路）、日文語音辨識「Julius」。

3.5.1 接收／執行命令系統

本小節將說明接收／執行命令系統的建構，為針對連接有網路的 IoT 裝置之命令執行系統。IoT 裝置只要連接了網路，不論在世界上的哪個地方， IoT 裝置都可以定期從主電腦接收並執行命令。

特別是智慧型手機等所使用的行動聯網無法從網路直接存取智慧型手機。就算用智慧型手機開網路伺服器，不知道 global IP 位址的話，就無法存取智慧型手機的網路伺服器。所謂接收／執行命令系統，是指 IoT 裝置本身會經由網路前往雲端取出主電腦發出的執行命令，執行該命令並將其結果寫入雲端（**圖 3.15**）。

主電腦不論在世界上的哪個地方都可經由雲端使 IoT 裝置執行命令。每個 IoT 裝置會將自己的 IP 位址資訊（global IP 位址與本地位址）寫入雲端，而 IoT 裝置在雲端存取時，都會去接收主電腦發出的命令並且執行，將其結果寫入雲端。

也就是說，主電腦對每個 IoT 裝置發出的執行命令需要事先寫入雲端（**圖 3.16**）。

圖 3.15 經由雲端的工作方式

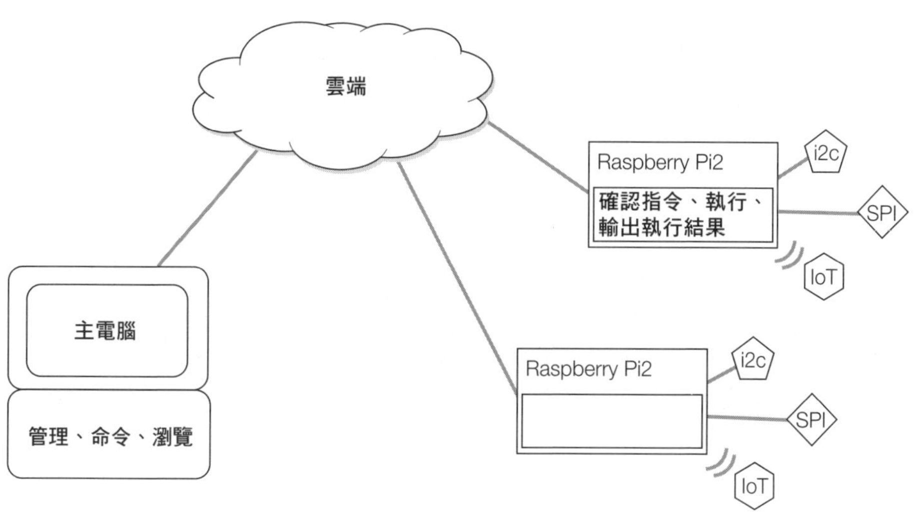

圖 3.16 用來控制 IoT 裝置的 Google 試算表

test

File Edit View Insert Format Data Tools Add-ons Help Last edit was seconds ago

	A	B	C	D	E
1	pi1	192.168.1.13	121.119.99.194	date	Mon Apr 6 21:28:14 JST 2015
2	pi2	192.168.1.8	114.190.246.232	date	root
3	pi3	192.168.1.34	121.119.99.194	date	Mon Apr 6 21:24:32 JST 2015
4		192.168.1.12	220.109.1.240	date	Mon Sep 8 21:30:06 JST 2014
5	beagle	192.168.1.11	121.119.67.78	date	Wed Jan 21 15:30:06 JST 2015
6	asus		133.27.43.150	whoami	2014年 10月 20日 月曜日 13:14:06 JST
7	neuro.iobb.net	192.168.1.7	121.119.99.194	date	Mon Apr 6 21:27:05 JST 2015
8	S9	192.168.1.16		whoami	

接收／執行命令系統由 3 個程式（ip.py、lip.py、com.py）組成。需要取得 IoT 裝置的 global IP 位址（ip.py）與本地位址（lip.py）。另外還需要從主電腦接收命令並且執行，並將執行結果回報的結構（com.py）。

ip.py 與 lip.py 是利用網路搜尋找到的開放原始碼程式。

而輸出 global IP 位址的 Python 程式「ip.py」則如以下 3 行程式所示。

```
$ cat ip.py
import json
from urllib2 import urlopen
print json.load(urlopen('http://httpbin.org/ip'))['origin']
```

執行 ip.py 程式，就會回報 global IP 位址。

```
$ python ip.py
121.119.99.194
```

接下來是輸出本地位址的 3 行程式「lip.py」。

```
$ cat lip.py
import socket
print([(s.connect(('8.8.8.8', 80)), s.getsockname()[0], s.clos
e())
  for s in [socket.socket(socket.AF_INET, socket.SOCK_DGRAM)]]
[0][1])
```

與 ip.py 一樣，執行 lip.py 程式，就會回報本地位址。

```
$ python lip.py
192.168.1.13
```

關於 IoT 裝置的雲端存取，本書所使用的方法是利用 Google 雲端硬碟的試算表。將讀寫功能使用於 Google 試算表儲存格，就可以把試算表變成 IoT 裝置的主控制面板。

不管 IoT 裝置有幾千臺還是幾萬臺，都可以簡單地同時控制 IoT 裝置。Python 程式 com.py 是最重要的程式。此處假設目標 IoT 裝置是經由 Raspberry Pi、BeagleBone、智慧型手機、電腦來連接網路。

最後介紹 15 行的 Python 程式「com.py」（現在 com.py 不動作了。請使用原始碼 3.8（98 頁）的 comoauth2.py。以下揭載 com.py 程式碼作為參考）。

```
#!/usr/bin/python
# -*- coding: utf-8 -*-
from commands import *
import gspread,re,os
os.chdir('/home/pi')
g=gspread.login('your_name@gmail.com','password')
w=g.open("test").sheet1
r=getoutput("hostname")
w.update_acell('A2',r)
r=getoutput('python ip.py')
w.update_acell('C2',r)
r=getoutput('python lip.py')
```

```
w.update_acell('B2',r)
sh=str(w.range('D2'))
if "\\n" in sh.split("'")[1]:
 com=sh.split("'")[1].split('\\')[0]
else:com=sh.split("'")[1]
if com=="":os._exit(0)
else:
 r=getoutput(com)
 w.update_acell('E2',r.decode('utf-8'))
```

com.py 使用了 2 個 Python 程式館。1 個是 subprocess 程式館，它會回報 IoT 裝置執行命令的結果。

此處的 IoT 裝置是指在 Chapter 2 一開始所說明的可進行網路存取的部分。基本上，只要把 Raspberry Pi 或 Android 放進接收／執行命令系統，那麼不管在哪裡的網路都可以存取 IoT 裝置。

IoT AVR 裝置 + USB 序列 ⇔ USB + Raspberry Pi
IoT AVR 裝置 + Bluetooth 序列 ⇔ Bluetooth + Raspberry Pi
IoT AVR 裝置 + Wi-Fi 序列 ⇔ 無線區域網路路由器
IoT AVR 裝置 + 附 Wi-Fi 功能的 SD 卡 ⇔ 無線區域網路 + Raspberry Pi
IoT AVR 裝置 + Bluetooth 序列 ⇔ Bluetooth + Android
IoT ARM 裝置 + USB_LTE 數據機

關於以下的 com.py，除了需要 OAuth 2.0 認證以外，基本上都沒有其他問題。讓我們配合動作來想想看。

例如，getoutput() 函數是用來回報 IoT 裝置執行命令的結果。

當 r=getoutput("hostname") 時，就是以 Raspberry Pi2 執行 hostname 的命令，並將 /etc/hostname 的執行結果代入變數 r。"hostname" 的執行與 "cat/etc/hostname" 的執行結果相同。執行 r=getoutput("pwd") 函數的話，變數 r 則會被代入 "/home/pi"。

還有 1 個 Python 程式館是 gspread 程式館（參照 3.5.3），可以非常容易地存取雲端上的 Google 試算表。以 import gspread 命令來讀取程式館，並以 g=gspread.login('your_name@gmail.com','password') 存取 Google 試算表，再以 w=g.open("test").sheet1，進行對檔名 test 試算表的讀寫存取。

w.update_acell('A2',r) 的意思是將 hostname 的結果寫入儲存格 A2。

r=getoutput（'Pythonlip.py'）與 w.update_acell（'B2',r）等 2 行命令的意思是將本地位址寫入儲存格 B2。

sh=str（w.range（'D2'））的意思是讀取儲存格 D2 的內容後，變換為字串值，並將之代入變數 sh。利用 com=sh.split（"'"）[1].split（'\\'）[0] 來單獨切出執行命令。

在 sh=str（w.range（'D2'））之後插入 "printsh"，就會顯示 [<CellR2C4'date\n'>]，可藉此確認切出執行命令結果的方式；使用 r=getoutput（com）執行來自主電腦的命令，其結果會被代入變數 r；使用 w.update_acell（'E2',r.decode（'utf-8'））將命令執行的結果寫入儲存格 E2。

日文的 utf-8 碼可以使用第 2 行的 "#-*-coding:utf-8-*-" 來處理。

r.decode（'utf-8'）的意思是以 utf-8 來解碼代表執行結果的字串 r。

3.5.2 cron 與 crontab 的設定

cron 功能是指定期執行命令，可以用下列 crontab 指令來設定；"-e" 是 edit（編輯）的意思。以下案例為每分鐘執行一次 com.py。最初的 chunk（字串）是指「分鐘」，第 2 個是指「小時」……第 6 個是要執行的指令；~ 是指家目錄。若是 Raspberry Pi，則為 /home/pi。

```
$ crontab -e
0-59/1 * * * * python ~/com.py
```

```
#（行頭的 # 記號表示命令行）
# +------------ 分 (0 - 59)
# | +---------- 時 (0 - 23)
# | | +-------- 日 (1 - 31)
# | | | +------ 月 (1 - 12)
# | | | | +---- 星期（0-6）（星期日 =0）
# | | | | |
# * * * * * 要執行的指令
```

Google 試算表的製作方法

沒有 Google 帳號的人請先開一個 Google 帳號，再存取至 Google 雲端硬碟；已經有 Google 帳號的人可以直接存取至 Google 雲端硬碟。

請在 Google 雲端硬碟點擊「新增」鍵，選擇「Google 試算表」，就會出現試算表的畫面。新檔案會是「無標題的試算表」，請點擊「無標題的試算表」來變更名稱。請將名稱變更為 comoauth2.py 的 sh=gc.open('test').sheet1 中的「test」。

3.5.3 OAuth 2.0 認證的 gspread 程式館「comoauth2.py」

接下來介紹 comoauth2.py 程式，它是有 OAuth 2.0 認證的 gspread 程式館。comoauth2.py 是 3.5.1 中的 com.py 的 OAuth 2.0 認證版本（原始碼 3.8）。需要安裝下面的程式館來驅動 comoauth2.py。可以用 Cygwin、Ubuntu 或 Debian 來執行。

```
# pip install python-gflags
# pip install gspread
# pip install oauth2client
# pip install requests
```

另外，有的系統需要安裝 python-openssl。在 Chapter 6 有關於 OAuth 2.0 認證的詳細說明，但在這裡請先到下列網站（Google Developers Console）生成新專案（「建立空白專案」）後，，按下「API」鍵（「使在 API 內使用的 Google API 生效」）使「Drive API」與「Drive SDK」生效。

https://console.developers.google.com/project †1

點擊左方列表中「API 與認證」的「認證資訊」，點擊「新增用戶端 ID」。在「建立用戶端 ID」選擇「網路應用程式」，點擊「設定同意畫面」。設定好幾個項目後，點擊「保存」。在「已授權的 JavaScript 來源」加入下面的文字。

http://localhost:8080/

然後在「已授權的重新導向 URI」就會被加入下面的文字。

http://localhost:8080/oauth2callback

點擊「建立用戶端 ID」。

comoauth2.py 的 CLIENT_ID 與 CLIENT_SECRET 請從顯示於

†1 在尚未建立專案與已建立專案的狀況下，連結此 URL 所顯示出的畫面會不同。

Google Developers Console 的「用戶端 ID」與「用戶端密鑰（client_secret）」複製。第一次是從瀏覽器開啟，但是從第二次開始就可以都用指令模式執行。

▼原始碼 3.8 comoauth2.py

```
# -*- coding: utf-8 -*-
import requests, gspread, os, os.path, re
from oauth2client.client import OAuth2WebServerFlow
from oauth2client.tools import run
from oauth2client.file import Storage
from subprocess import *

CLIENT_ID = ''
CLIENT_SECRET = ''
flow = OAuth2WebServerFlow( \
    client_id=CLIENT_ID,
    client_secret=CLIENT_SECRET,
    scope= \
    'https://spreadsheets.google.com/feeds https://docs.google.
com/feeds',
    redirect_uri= \
    'http://localhost:8080/ https://www.example.com/oauth2callba
ck')
storage = Storage('creds.data')
if os.path.isfile('creds.data'):
 credentials=storage.get()
else:credentials = run(flow, storage)
gc = gspread.authorize(credentials)
storage.put(credentials)
sh=gc.open('test').sheet1
name=check_output('hostname')
sh.update_cell(11,1,name)
ip=check_output(['python','./ip.py'])
lip=check_output(['python','./lip.py'])
sh.update_cell(11,2,lip)
sh.update_cell(11,3,ip)
com=str(sh.cell(11,4)).split("")[1].split("\\")[0]
print com
if com=="":os._exit(0)
else:
 if len(com.split())==1:r=check_output(com)
 if len(com.split())>1:r=check_output(com,shell=True,stderr=None)
 print r
 sh.update_cell(11,5,r.decode('utf-8'))
```

（註）Raspberry Pi 的 Jessie 因為是使用程式館 oauth2client（2.0.1），所以第 4 行與第 21 行的函數「run」會變為「run_flow」。

Chapter 4

Python 的設定與機器學習

Python 是劇本式語言（scripting language），也被稱為元程式設計（metaprogramming）。對於用慣了 C 語言的老手或是程式設計師而言，也許用起來會不舒服。Ruby 也一樣是劇本式語言，也就是元程式設計。因為 Python 的構造比較單純，所以裡面有許多來自全球的開放原始碼程式館。這一章要說明開放原始碼程式館的安裝方法。

4.1 Python 環境的設定

Python 中有 Python2.x 與 Python3.x。這裡是以程式館最豐富的 Python 2.7.9 為中心來說明。

4.1.1 Windows 上的 Python 設定

我們要下載並安裝 Python 2.7.9[†1]。

請以下列 3 個關鍵字用 Google 搜尋網站：

python 2.7.9 download

如果是 64 位元，請從搜尋到的網站下載並安裝「Windows x86-64 MSI installer」；如果是 32 位元，請從搜尋到的網站下載並安裝「Windows x86 MSI installer」。

「Python 2.7.9 Setup」對話框跳出後，請依指示安裝。

† 1　2.7.x 的最新版本有可能是 2.7.10 以後的版本，其操作步驟與要安裝的檔案可能與本書所介紹的內容不同，因此請安裝 2.7.9。

在設定項目設定安裝「Add python.exe to Path」，就會在 Windows 的環境變數中設定 Python 的執行路徑。

請使用以下 3 種方法之一來安裝程式館，初學者比較適合第 1 或第 2 種方法。

1. 下載執行檔案（binary）後，安裝程式館
2. 藉由指令安裝程式館
3. 藉由原始碼安裝程式館

1. 下載執行檔案（binary）後，安裝程式館

從下列網站下載並安裝 binary 檔。

http://www.lfd.uci.edu/~gohlke/pythonlibs/

先下載下列檔案，用以安裝 Python 程式館的安裝程式（pip 或 setuptools）。

https://bootstrap.pypa.io/get-pip.py

將該檔案移動至 `C:\cygwin\home\your_name` [†2] 資料夾。從 Cygwin 使用以下指令安裝程式。

```
$ python get-pip.py
```

要升級 pip 時，請執行下列指令。

```
$ python -m pip install -U pip
```

以下列指令來安裝下載好的程式館 xxx。

```
$ pip install xxx.whl
```

若是 PySerial 程式館，請在 Python 2.7.9 下載 `pyserial-2.7-py2-none-any.whl`。欲安裝 PySerial 程式館，請使用下列指令。

† 2　目標資料夾可自行設定。使用 Cygwin 時，要用哪個資料夾比較方便存取，請依自己所使用的環境來決定。

```
$ pip install pyserial-2.7-py2-none-any.whl
```

安裝 matplotlib 程式館首先需要 6 個程式館[†3]：

numpy、dateutil、pytz、pyparsing、six、setuptools

也就是說，請下載以下程式館，並以 pip 指令安裝。

numpy-1.9.2+mkl-cp27-none-win_amd64.whl（64 位元）
numpy-1.9.2+mkl-cp27-none-win32.whl（32 位元）

再安裝下列檔案：
python_dateutil-2.4.0-py2.py3-none-any.whl
pytz-2014.10-py2.py3-none-any.whl
pyparsing-2.0.3-py2-none-any.whl
six-1.9.0-py2.py3-none-any.whl
setuptools-12.4-py2.py3-none-any.whl

然後下載下列檔案，以 pip 安裝好，即可使用 matplotlib 程式館。
matplotlib-1.4.3-cp27-none-win_amd64.whl（64 位元）
matplotlib-1.4.3-cp27-none-win32.whl（32 位元）

2. 藉由指令安裝程式館

還有一種方法是利用 easy_install 指令。

```
$ easy_install xxx
```

舉例來說，請輸入以下指令。

```
$ easy_install pyserial
```

† 3 以下程式館的安裝檔案放在程式館的 binary 檔中，請以上述 http://www.lfd.uci.edu/~gohlke/pythonlibs/ 程式館名稱在瀏覽器上搜尋。
有時候代表版本的數字會不一樣，不過那不會產生問題。py2/cp27 代表 Python 的版本，請依自己所使用的環境選擇 Windows 的 32 ／ 64 位元檔案。

另外，有時候就算不下載檔案，也可以用 pip 指令來安裝。

```
$ pip install -U scikit-learn
```

請試著安裝最新的程式館 OpenCV [†4]。

```
$ wget https://github.com/Itseez/opencv/archive/3.0.0-beta.zip
$ unzip 3.0.0-beta.zip
$ cd opencv-3.0.0-beta
$ mkdir build
$ cd build
$ cmake ../
```

4.1.2 Ubuntu 上的 Python 設定

與 Windows 相比，Ubuntu 或 Debian 的 Python 開發環境都較為完備，因此使用 easy_install、pipinstall、apt-getinstall 等 3 個指令中的任一個，都可以幾乎完全自動地安裝 Python 程式館。以下說明具體的實際案例。Ubuntu 與 Debian 的安裝方法一樣。因此只要參考 4.1.3 即可在 Ubuntu 使用同樣的設定。

4.1.3 Raspberry Pi2 上的 Python 設定

如果用電腦當作 IoT 裝置的母艦，成本會太高昂。而嵌入系統是代替電腦成為 IoT 裝置母艦較為便宜的選擇。嵌入系統的處理能力雖然稍微遜於電腦，但是功能上卻並不亞於電腦。嵌入系統的代表為 Raspberry Pi，1 臺約 3,000 日圓至 5,000 日圓。可以自 RS components 購得。

http://jp.rs-online.com/

Raspberry Pi（英國）從 2012 年 2 月開始算起，已經買出 300 萬臺以上，是世界上最受歡迎的嵌入系統。本書介紹的是 Raspberry Pi2，CPU 是以 ARMCortex-A7 為基礎的四核心處理器（工作頻率 900MHz）。詳細規格如下。

- 4USBports

† 4 使用 cmake 的安裝要在 Ubuntu 上執行。用 Cygwin 安裝的話，請從 http://www.lfd.uci.edu/~gohlke/pythonlibs/ 下載 binary。

- 40GPIOpins
- FullHDMIport
- Ethernetport
- Combined3.5mmaudiojackandcompositevideo
- Camerainterface（CSI）
- Displayinterface（DSI）
- MicroSDcardslot
- VideoCoreIV3Dgraphicscore

請從下列網站下載 Wheezy 操作系統（Debian）。

```
http://downloads.Raspberry Pi.org/raspbian_latest
```

在 Windows 上將下載的 xxx.wheezy.zip 檔解壓縮，制作 xxx.wheezy.img。

用 Windows 搜尋關鍵字「Win32 Disk Imager」。

win32diskimager

並由下列網站下載。

```
http://sourceforge.net/projects/Win32 Disk Imager/
files/Archive/Win32 Disk Imager-0.9.5-install.exe
```

連擊兩下 Win32 Disk Imager-0.9.5-install.exe，安裝至 Windows[† 5]。

把用 Debian 製作的 xxx-wheezy.img 檔寫入 micro SD，使用 micro SD 轉接卡插入電腦。

1. 在 Windows 啟動 Win32 Disk Imager，點擊「Image File」，打開已經解壓縮的 xxx-wheezy.img 檔。
2. 將 SD 卡插入電腦，確認「Device」是選擇 SD 或 micro SD。
3. 點擊「Write」按鍵就會開始寫入，等待寫入結束（**圖 4.1**）。

† 5 從網路搜尋找到的網站下載時，瀏覽器可能會判定其為有害的程式而無法下載。此時請從上述網站下載。

圖 4.1 micro SD 寫入工具（Win32 Disk Imager）

4. 將完成寫入的 micro SD 卡插入 Raspberry Pi2，用乙太網路線以有線方式連接網路路由器，供給電源給 Raspberry Pi2 的 Micro USB。
5. Ethernet 的 LED 開始閃爍後，就代表路由器正在自動配 IP 給 Raspberry Pi2。
6. 以 Cygwin 執行 fing 指令，確認 MAC 位址。
   確認 B8：27：EB：F0：wx：yz，為了對 Raspberry Pi2 的 IP 進行 ssh 存取，請以 Cygwin 執行下列指令[†6]。

```
cygwin$ ssh pi@192.168.1.XXX
```

這樣就可以對 Rasberry Pi2 的 Debian 進行 ssh 連接，密碼是 raspberry。請以 Debian 執行下列指令[†7]。

```
pi2$ passwd      ←一定要設定新密碼raspberry
pi2$ sudo su     ←成為超級使用者
pi2# apt-get install python-pip
pi2# easy_install gspread
pi2# raspi-config
```

執行 Expand File System。執行這個命令後，就可以最大化 Raspberry Pi2 的使用容量（micro SD）。

† 6 為了把 Cygwin 的指令明白表示，請將提示字元變更為「cygwin$」。
† 7 為了把在 Debian（Raspberry Pi2）的 Terminal 明白表示，請將提示字元變更為「pi2$」。

```
pi2# exit
```

請於 .bashrc 檔案輸入下一行文字。

```
take='http://web.sfc.keio.ac.jp/~takefuji'
```

```
pi2$ source .bashrc
pi2$ wget $take/ip.py
pi2$ wget $take/lip.py
pi2$ wget $take/comoauth2.py
```

變更 comoauth2.py 的 email 位址、密碼、Google 試算表檔名等。

```
pi2$ python comoauth2.py
```

確認從 Raspberry Pi2 寫入雲端 Google 試算表。

```
pi2$ crontab -e      ←輸入下一行文字
0-59/1 * * * * python ~/comoauth2.py
```

Raspberry Pi2 會於 Google 試算表的儲存格 D2 寫入命令指令，並將其結果寫入儲存格 E2，每分鐘執行一次。

各位可以用以下指令安裝 Arduino 開發環境。

```
pi2$ sudo su
pi2# apt-get install arduino arduino-core arduino-mk
pi2# exit
```

接下來進行 Arduino 開發環境的安裝測試來確認。

```
pi2$ wget $take/hdc1000_st7032.tar
pi2$ tar xvf hdc1000_st7032.tar
pi2$ cd hdc1000_st7032
pi2$ make
```

如果沒有出現錯誤訊息，那就是成功安裝了 Arduino 開發環境。

若要從零開始把新的網路功能加入 Raspberry Pi2，要先從有線網路（Ethernet）開始設定，在連接有線網路的狀況下設定無線區域網路。有線網路設定與無線區域網路設定完成後，行動聯網（3G、LTE）設定就很簡單了。因為有線網路比較穩定，所以建議還是在有線網路下設定行動聯網。

注意事項

1. 在系統安裝程式館時，一定要轉為超級使用者再執行安裝（sudo su 指令）。
2. 使用 vi 編輯器的作業較有效率。
3. 建議充實 .bashrc 檔案設定。
4. 利用 aliase 功能，盡量使用簡單的命令來達成目的。
5. 在 Windows 上安裝 fing，就可以很容易地查到 IP 位址或 MAC 位址。
6. 經由網路進行 ssh 連接時，也要盡量做公開金鑰加密 ssh 存取。
7. 靈活運用網路搜尋來解決問題。

4.1.4 連接 i2c 感測器至 Raspberry Pi2 上

IoT 裝置可以用 i2c 感測器進行實測。接下來說明藉由網路即時實測的方法，本書會解說以下 3 個從網路存取數據的方法。

1. 從有線區域網路存取量測數據。
2. 從無線區域網路存取量測數據。
3. 以行動聯網（3G、LTE）存取量測數據。

只要能掌握這 3 個存取數據的方法，就能簡單地構築出複雜的雲端型 IoT 裝置系統。

（1） 從有線區域網路存取 i2c 感測器的量測數據

切斷 Raspberry Pi2 的電源後，將 GY-80 或是 GY-801 感測器模組的 3.3V、SCL、SDA、GND 等 4 根連接至 Raspberry Pi2 的接腳。**圖 4.2** 所示為 Raspberry Pi2 的詳細接腳配置，**圖 4.3** 所示為 Raspberry Pi2 與 i2c 電路板的連接。GY-80（GY-801 也是一樣的接腳配置）的接腳名稱印刷在感測器模組上，請務必一邊確認一邊做連接。

圖 4.2 Raspberry Pi2 的接腳配置（白色標記者為 3.3V、SDA、SCL、GND，要與 GY-80 連接）（http://www.rs-online.com/designspark/electronics/eng/blog/introducing-the-raspberry-pi-b-plus）

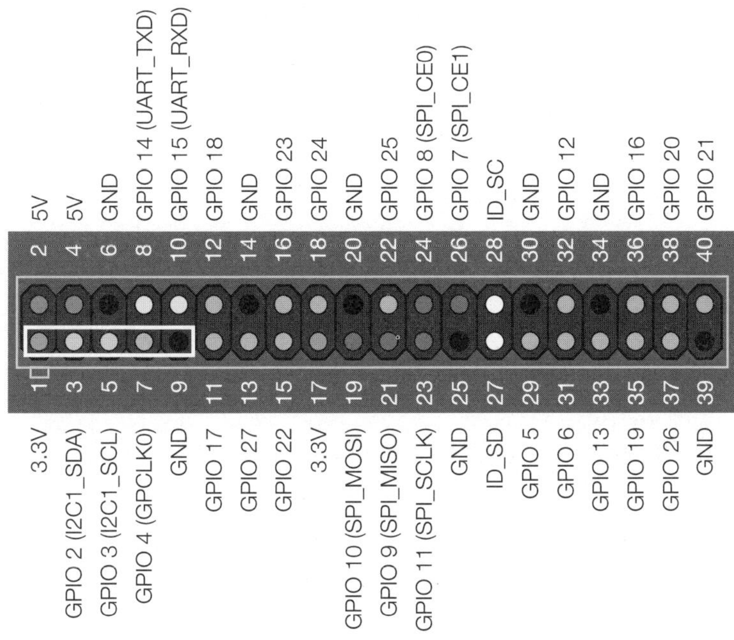

圖 4.3 Raspberry Pi2 與 i2c 電路板的連接

Raspberry Pi2（接腳配置）

1	3	5	7	9
3.3V	SDA	SCL	GPI04	GND

使用2.2.4中的PCB電路板會比較輕鬆，如果沒有的話就請用4條線來連接。接好 GY-80 感測器後，連接有線區域網路，接入 Raspberry Pi2 的電源。

稍等一會兒，從電腦對 Raspberry Pi2 進行 ssh 存取。然後在 Cygwin 終端機執行下列指令。

```
cygwin$ ssh pi@192.168.xxx.yyy
```

關於 xxx 與 yyy 的值，請執行 fing 來查詢 IP。

alias 功能與 ssh 存取

將 Raspberry Pi2 的名稱設為 pi2 時，就可以在 Cygwin 終端機使用 alias 功能。在 /etc/hosts 檔案中寫入 IP 與暱稱。例如：

```
192.168.1.37     pi2
```

從下一次開始就可以只用暱稱存取 Raspberry Pi2。

```
cygwin$  sshpi@pi2
```

因為每次都要輸入密碼很麻煩，請設定公開金鑰加密 ssh，就可以不用輸入密碼，從電腦存取 Raspberry Pi2。請在 Cygwin 執行下列指令。

```
cygwin$  ssh-keygen-trsa ←對於所有的問題都按換行鍵
```

然後就會生成 .ssh 資料夾，並於其中生成公開金鑰加密檔案 id_rsa.pub。附加（append）該 id_rsa.pub 檔於想存取的 Raspberry Pi2 的 .ssh 資料夾中之 authorized_keys 檔。

```
cygwin$  cd.ssh
```

以下列 scp 指令，可將 id_rsa.pub 檔案傳送至 /home/pi 資料夾。

```
cygwin$  scpid_rsa.pubpi@pi2:~
```

此時從電腦對 Raspberry Pi2 進行 ssh 存取。

```
cygwin$  sshpi@pi2
```

輸入密碼。

```
pi2$     mkdir.ssh ←如果已有 .ssh 檔案的話，就不需要這個指令了
pi2$     catid_rsa.pub>>.ssh/authorized_keys
```

“>>”就是執行附加。

```
pi2$     exit
```

然後測試一下從電腦對 Raspberry Pi2 進行公開金鑰加密的 ssh 存取。

```
cygwin$  sshpi@pi2
```

如果系統沒有問密碼就直接存取 Raspberry Pi2，那就成功了。

執行以下指令，於 Raspberry Pi2 設定 i2c 執行環境。

```
pi2$ sudo su
pi2# apt-get install i2c-tools python-smbus
pi2# apt-get install libxml2-dev libxslt1-dev python-lxml
pi2# apt-get install build-essential python-dev
pi2# git clonehttps://github.com/petervizi/python-eeml.git
pi2# cd python-eeml
pi2# python setup.py install
pi2# apt-get install
```

利用以下指令，可以使用 i2c 裝置。

```
pi2# raspi-config
```

AdvancedOptions → i2c → enabled

這裡所使用的 GY-80 或是 GY-801 感測器模組，可以從 AliExpress 購得（約 1,000 日圓）。GY-80 或是 GY-801 感測器模組搭載有以下 4 個感測器：

L3G4200D（3 軸陀螺儀：0x69）
ADXL345（3 軸加速度：0x53）
HMC5883L（地磁力：0x1E）
BMP085（0x77）orBMP180（0x77）

使用以下 i2cdetect 指令可以確認裝置 GY-80 或是 GY-801 上的 4 個感測器，以及驗證其各自的 i2c 位址。

```
pi2# i2cdetect -y 1

     0  1  2  3  4  5  6  7  8  9  a  b  c  d  e  f
00:          -- -- -- -- -- -- -- -- -- -- -- -- --
10: -- -- -- -- -- -- -- -- -- -- -- -- -- -- 1e --
20: -- -- -- -- -- -- -- -- -- -- -- -- -- -- -- --
30: -- -- -- -- -- -- -- -- -- -- -- -- -- -- -- --
40: -- -- -- -- -- -- -- -- -- -- -- -- -- -- -- --
50: -- -- -- 53 -- -- -- -- -- -- -- -- -- -- -- --
60: -- -- -- -- -- -- -- -- -- 69 -- -- -- -- -- --
70: -- -- -- -- -- -- -- 77
```

從電腦以 ssh 存取 Raspberry Pi2。請以 fing 指令再確認一次 Raspberry Pi2 的 IP 位址。

```
cygwin$ ssh pi@192.168.x.y
```

請在 .bashrc 檔案的開頭輸入以下文字。

```
take='http://web.sfc.keio.ac.jp/~takefuji'
```

```
pi2$ source .bashrc
pi2$ wget $take/bmp085.py
```

如果在 bmp085.py 程式出現氣壓與氣溫，那就成功了。

```
pi2$ sudo python bmp085.py
Temperature: 21.90 C
Pressure:    1021.00 hPa
```

如果沒有成功，可能會顯示下列錯誤訊息。

```
ImportError: No module named eeml
```

這裡就用網路來搜尋處理的方法。搜尋關鍵字為以下 2 個單字。

python eeml

筆者找到了 python-eeml 的網站。

```
$ wget  https://github.com/petervizi/python-eeml/archive/master.zip
$ unzip master.zip
$ cd python-eeml-master
```

使用以下指令安裝。

```
$ sudo python setup.py install
fatal error: Python.h: No such file or directory
```

出現了錯誤訊息。因此再用以下關鍵字搜尋。

python Python.h "No such file"

從搜尋結果得到的資訊，再執行下列指令。

```
$ sudo apt-get install python-dev
```

再一次執行下列指令。

```
$ sudo python setup.py install
```

然後出現了以下的錯誤訊息。

```
libxml/xmlversion.h: No such file
```

所以再用以下的關鍵字搜尋。

python libxml/xmlversion.h "No such file"

從搜尋結果得到的資訊，再執行下列指令。

```
$ sudo apt-get install libxml2-dev libxslt1-dev
```

再一次執行下列指令。

```
$ sudo python setup.py install
```

經由以上的步驟，筆者成功地安裝了裝置。
接下來用同樣的方式下載 hmc5883L.py、adxl345.py、l3g4200d.py。

```
pi2$ wget $take/hmc5883L.py
pi2$ wget $take/adxl345.py
pi2$ wget $take/l3g4200d.py
```

這裡說明從電腦執行一個指令，就能自動取得 IoT 裝置感測器測定值的方法。這是由美國空軍所開發的 expect 函數，能夠非常容易地達到目標功能。我們要先從 Cygwin 把 expect 函數安裝至 Windows。

expect 函數為對話型指令，經由交互對話來執行各種命令，是非常方便的函數。

```
$ bash bmp085.sh
sudo python bmp085.py
Temperature: 17.20 C
Pressure:    1018.00 hPa
```

bmp085.sh 如下所示。

```
$ cat bmp085.sh
#!/bin/bash
/usr/bin/expect <<EOD
log_user 0
set timeout 30
spawn ssh pi@pi1
expect "pi@pi1"
send "sudo python bmp085.py\n"
log_user 1
expect "hPa"
send "exit\n"
interact
EOD
```

expect 函數的基本指令是 spawn、send、send。使用 spawn 指令開始執行。expect 指令的意思是待機至被 "" 框住的字串出現為止。expect"pi@pi1" 的意思是待機至登入成功為止，要等到提示字元（"pi@pi1"）被回覆為止。

send 指令的意思是送出 "" 內的命令字串，並在目標機（target machine）執行該命令。send "sudo python bmp085.py\n" 的意思是以超級使用者模式執行 Python 程式「bmp085.py」。log_user0 的意思是停止顯示畫面。log_user1 的意思是開始顯示畫面。expect"hPa" 指令的意思是執行 Python 程式的話，會顯示百帕單位的氣壓〔hPa〕，接著是結束 expect 函數。在這個 bash 程式中寫入 bash 指令也非常方便。

（2） 從無線區域網路存取 i2c 感測器的量測數據

連接無線區域網路要用無線區域網路 USB 轉換器。請先確認一下是否可用無線區域網路做 802.11n 連接。在購買無線區域網路 USB 轉換器前，重點是要先查一下是否有應用在 Raspberry Pi 或是 Pi2 上的實績。關鍵字如下：

Raspberry 無線轉換器

筆者推薦的 Raspberry Pi2 無線區域網路 USB 轉換器相關網站如下，但是其中有很多都不在日本販售。

http://elinux.org/RPi_USB_Wi-Fi_Adapters

以 fing 確認 Raspberry Pi2 的 IP 後，從電腦對 Raspberry Pi2 進行有線網路存取。

```
cygwin$ ssh pi@192.168.x.y
```

在國外受歡迎的無線區域網路轉換器是 TL-WN725N。安裝 TL-WN725N 的驅動器時，請用 Raspberry Pi2 執行以下指令。

```
$ wget https://dl.dropboxusercontent.com/u/80256631/install-8188eu.
  tgz
$ tar xvf  install-8188eu.tgz
$ sudo ./install-8188eu.sh
$ sudo reboot
```

設定無線區域網路時，要在 Raspberry Pi2 連接有線區域網路，然後再設定無線區域網路環境。請準備無線區域網路的 2 個重要相關檔案，如下。

/etc/network/interfaces 檔
/etc/wpa_supplicant/wpa_supplicant.conf 檔

請使用編輯器編輯 /etc/network/interfaces 檔的內容，如下。

```
pi2$ cat  /etc/network/interfaces
auto wlan0
iface lo inet loopback
iface eth0 inet dhcp
iface default inet dhcp
allow-hotplug wlan0
iface wlan0 inet dhcp
wpa-conf /etc/wpa_supplicant/wpa_supplicant.conf
```

經由此設定，DHCP 的 IP 位址會由無線區域網路路由器分配至 Raspberry Pi2。

請對 /etc/wpa_supplicant/wpa_supplicant.conf 的內容做如下編輯。

```
pi2$ cat /etc/wpa_supplicant/wpa_supplicant.conf
ctrl_interface=DIR=/var/run/wpa_supplicant GROUP=netdev
update_config=1
network={
        ssid="無線 LAN ssid"
        proto=RSN
        key_mgmt=WPA-PSK
        pairwise=CCMP TKIP
        group=CCMP TKIP
        psk="password"
}
```

無線區域網路 ssid 與 password 一定要配合環境變更。Raspberry Pi2 的 Wi-Fi USB 模組請從下列網站選擇。

http://elinux.org/RPi_USB_Wi-Fi_Adapters

執行下列 ifdown 與 ifup 指令，即可從無線區域網路路由器自動分配 DHCP 的 IP 位址至 Raspberry Pi2。

```
pi2$ sudo su
pi2# ifdown wlan0
```

利用以下指令將 DHCP 的 IP 分配至 Raspberry Pi2。

```
pi2# ifup wlan0
```

USBWi-Fi 模組的 LED 燈會點亮。表示確認並記錄在 DHCP 分配了不同於有線區域網路 IP 的無線區域網路 IP。

此處用以下的 halt 指令關閉 Raspberry Pi2。

```
pi2# halt
```

拔掉 Raspberry Pi2 的電源，斷開有線區域網路。接著再次連接 Raspberry Pi2 的電源，如果 Wi-Fi USB 模組的 LED 燈會亮的話，那應該就是從無線路由器分配了 IP 過來。下面用 fing 指令來確認一下 IP 位址。

```
cygwin$ ssh pi@pi2w
```

pi2w 是 Raspberry Pi2 的無線區域網路 IP。

```
pi2w$ sudo python bmp085.py
```

如果顯示了溫度與氣壓，那就代表成功地從無線區域網路存取了感測器數據。事實上，有簡單的方法可以設定無線區域網路。請從下列網站下載 TightVNC，安裝在 Windows 上。

http://www.tightvnc.com/download.php

從 Cygwin 對 Raspberry Pi2 做 ssh 存取，然後安裝 tightvncserver。

```
cygwin$ ssh pi@192.168.x.y
pi2$ sudo su
pi2# apt-get install tightvncserver
pi2# exit
pi2$ vncserver
```

因為會要求密碼，所以要設定密碼。若顯示下列訊息，就是成功了。

```
Starting applications specified in /home/pi/.vnc/xstartup
Log file is /home/pi/.vnc/pi2:1.log
```

從 Windows 啟動 TightVNC Viewer。畫面顯示後，於「Remote Host」輸入以下文字，點擊「Connect」鍵（ip_address 為 Raspberry Pi2 的 IP 位址；連接埠為 5901）。

ip_address::5901

按照「Menu」－「Preferences」－「Wi-Fi Configuration」的順序啟動。

點擊「Scan」鍵開始 Wi-Fi 掃瞄。出現想連接的 SSID 時，點擊該 SSID，配合環境做設定，以「Add」鍵完成 Wi-Fi 設定。然後重新啟動，無線區域網路轉換器的燈應該會亮。

（3）　以行動聯網存取 i2c 感測器的量測數據

使用 Raspberry Pi2 做行動聯網時，需要 3G 或 LTE 的 USB 數據機與 SIM 卡。與無線區域網路 USB 轉換器一樣，選購 3G 或 LTE 的 USB 數據機很重要。筆者最初購買的數據機是華為出品的 E1750 無線網卡，在 AliExpress 用大約 20 美金購得。SIM 卡分為 ilar（模擬）與真的 SIM 卡，請儘可能購買真的 SIM 卡。請用有線區域網路或無線區域網路從電腦存取 Raspberry Pi2，並設定行動聯網。使用有線區域網路會比較穩定。

需要準備 3G 或 LTE 的 SIM 卡。筆者是用 bb-excite 的 LTE SIM 卡（1 個月 1GB 的 3 張，1,280 日圓）。

請使用以下指令從電腦對 Raspberry Pi2 進行 ssh 存取。`pi2` 是 Raspberry Pi2 的 IP 位址，已事先用 `/etc/hosts` 設定好了。

```
cygwin$ ssh pi@pi2
```

將 sakis3g 下載至 Raspberry Pi2。sakis3g 是方便的 3G 數據機設定用腳本（script）。

```
pi2$ wget $take/sakis3g.tar.gz
pi2$ tar xvf sakis3g.tar.gz
```

轉為超級使用者後，再安裝 ppp 與 libusb-dev。

```
pi2$ sudo su
pi2# apt-get install ppp libusb-dev
pi2# ./sakis3g --interactive     ←以此指令開啟設定畫面
```

請選擇圖 4.4 的 sakis3g 設定畫面中的「2.More options...」。Option 畫面如圖 4.5 所示。執行圖 4.5 的「3.Only setup modem」，然後執行「5.Compile embedded Usb-ModeSwitch」。接下來，執行圖 4.5 的「1.Connect with 3G」，輸入 APN、APN_USER、APN_PASS 等 3 個內容，就可以行動聯網了。

圖 4.4 sakis3g 的設定畫面

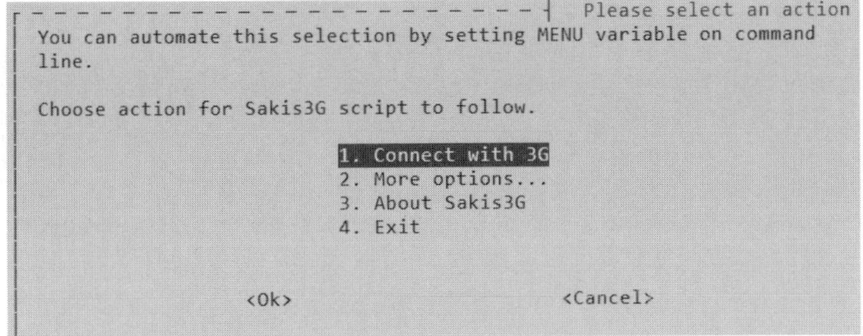

圖 4.5 sakis3g 的 Option 設定畫面

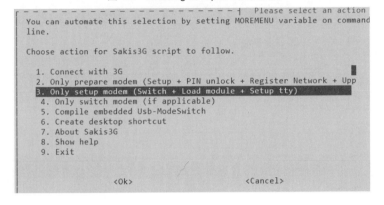

```
Please select an action
You can automate this selection by setting MOREMENU variable on command
line.

Choose action for Sakis3G script to follow.

 1. Connect with 3G
 2. Only prepare modem (Setup + PIN unlock + Register Network + Upp
 3. Only setup modem (Switch + Load module + Setup tty)
 4. Only switch modem (if applicable)
 5. Compile embedded Usb-ModeSwitch
 6. Create desktop shortcut
 7. About Sakis3G
 8. Show help
 9. Exit

          <Ok>                        <Cancel>
```

連接數據機後，數據機的 LED 燈就會亮。

在 bb-excite 使用以下指令確認是否成功連接 3G 或是 LTE。請配合自己所購買的 SIM 卡來設定環境。

```
pi2# ./sakis3g connect APN="vmobile.jp" APN_USER="bb@excite.co.jp"
APN_PASS="excite"
```

請使用以下指令切斷行動聯網。

```
pi2# ./sakis3g disconnect
```

把 /etc/network/interfaces 變更如下。

```
pi2$ cat /etc/network/interfaces
auto wlan0
iface lo inet loopback
iface eth0 inet dhcp
```

```
iface default inet dhcp
allow-hotplug wlan0
iface wlan0 inet dhcp
wpa-conf /etc/wpa_supplicant/wpa_supplicant.conf
auto ppp0
iface ppp0 inet dhcp
/home/pi/sakis3g connect APN="vmobile.jp" APN_USER="bb@excite.co.jp"
APN_PASS="excite"
```

另外，/etc/rc.local 再加上 sakis3g 的敘述。

```
pi2$ cat /etc/rc.local
_IP=$(hostname -I) || true
if [ "$_IP" ]; then
  printf "My IP address is %s\n" "$_IP"
fi
sudo /home/pi/sakis3g connect APN="vmobile.jp" APN_USER="bb@ex
cite.co.jp" APN_PASS="excite"
exit 0
```

為了定期執行來自主電腦的命令，請活用 crontab 功能。詳情請參照 3.5.1。

```
pi2# crontab -e
```

請做如下設定，並且每 20 秒執行一次 Python 程式 comoauth2.py。

```
SHELL=/bin/bash
PATH=.:/usr/local/sbin:/usr/local/bin:/usr/sbin:/usr/bin:/sbin
:/bin
* * * * * for i in `seq 0 20 59`;do (sleep ${i} ; python /home
/pi/comoauth2.py) & done;
```

4.2 scikit-learn

scikit-learn 即使在開放原始碼程式館之中也算是巨大的封包。scikit-learn 中嵌入了很多既存的學習模式。以前較難的學習模式要用 C 語言實裝，但是現在用一行 Python 程式的 import 就可以讀取學習模式了。

在 Linux 上可以很容易地用以下指令來安裝。

```
$ sudo su
# apt-get install python-sklearn
```

機器學習有各種模式。下列網站中有詳細的機器學習模式列表。

http://en.wikipedia.org/wiki/List_of_machine_learning_concepts

最近流行的是集成學習（Ensemble learning），它會組合多個算法。其中較具代表性的例子為以下 6 個方法。所謂集成學習，是組合並整合多個精度並不高的結果，來提升精度的機器學習方法。

- Boosting
- BootstrappedAggregation（Bagging）
- AdaBoost
- StackedGeneralization（blending）
- GradientBoostingMachines（GBM）
- RandomForest

本書中先介紹的是最近流行的文本探勘機器學習。這是使用文本做大數據分析的技術。本書會重點解說在 scikit-learn 中所說明的機器學習。

4.2.1 使用 scikit-learn 的文本學習

在 20 個新聞群組資料夾中放入其各自的文本。從各個資料夾中抽出文本的特徵，以資料夾名稱作為教師訊號（teaching signal）進行機器學習，生成分類器（classifier）。在完成的分類器中輸入關鍵字或片語後，會預測並顯示該片語與哪個新聞群組最有關連。

用 Ubuntu 從下列網站下載 text.py 檔案。這個 Python 程式 text.py 是參考了下述程式。

http://scikit-learn.org/stable/tutorial/text_analytics/working_with_text_data.html

```
$ wget $take/text.py
$ python  -i text.py
```

稍等一會兒，會出現下列提示字元，請輸入 god。

```
enter: god
```

另外請輸入 opengl。輸入 sins、daemon、demons……等字元的話，會顯示 comp.Graphics 或是 soc.religion.christian。機器學習會幫忙找出這些單詞、片語或句子較接近哪一個群組的語言，分類出群組名稱。

原始的 20 個新聞群組數據可以從下列網站拿到手。

```
$ wget http://people.csail.mit.edu/jrennie/20Newsgroups/20news
-bydate.tar.gz
```

解壓縮數據後，會生成 2 個資料夾。

```
$ tar xvf 20news-bydate.tar.gz
```

20news-bydate-test20news-bydate-train

fetch_20newsgroups 程式館只會用你所選擇的 categories（cat）來抽取數據。筆者在這裡選擇了 2 個 categories（cat）：soc.religion.christian 與 comp.graphics。

以下簡單解說較難的 3 個函數——CountVectorizer（）、TfidfTransformer（）、MultinomialNB（）的意思。

1. CountVectorizer（）

從使用者所給的文例，向量化單詞的出現頻率與排列。

2. TfidfTransformer（）：tf-idf（termfrequency–inversedocumentfrequency）

以每一個文件的單詞出現頻率為基礎，計算 tf-idf，更進一步正規化（normalization）。

tf 代表單詞在句子內的出現頻率。Idf 是指各單詞在數個句子內，是否有被共通使用（逆向文件頻率；inverse documet frequency）。代表的意思是在數個句子內被共通使用的單詞並不重要。

3. MultinomialNB()：Naive Bayes classifier for multinomial models

用來學習離散性特徵的單純貝氏分類器。

使用 CountVectorizer() 函數，向量化 train.data 的單詞出現頻率與排列。

```
vect=CountVectorizer()
trainc=vect.fit_transform(train.data)
trainc.shape
```

另外以 vocabulary_.get() 函數建構字典。

```
vect.vocabulary_.get(u'algorithm')
```

以下列 3 行程式計算 tf-idf。正規化計算單詞出現頻率（tf）與逆向文件頻率（idf）。

```
tfidf=TfidfTransformer()
train_tfidf=tfidf.fit_transform(trainc)
train_tfidf.shape
```

單純貝氏分類器中有 3 種分類：GaussianNB（可以假定特徵值為常態分配時）、MultinomialNB（以某現象發生次數為特徵值時）、BernoulliNB（以某現象是否發生過來劃分 2 種特徵值）。筆者在這裡使用了 MultinomialNB 的單純貝氏分類器。用分類器 clf 以 train_tfidf 為學習數據，學習輸出 train.target 數據。

```
clf=MultinomialNB().fit(train_tfidf,train.target)
```

將輸入的單詞或片語向量化（new_counts=vect.transform([input])），並將該向量作 tf-idf 變換，將變換出的數據（new_tfidf=tfidf.transform(new_counts)）輸入已學習好的分類器 clf 的 clf.predict() 函數，即可輸出新聞群組名稱。

使用 scikit-learn 的文本學習程式「text.py」如**原始碼 4.1** 所示。

▼原始碼 4.1　使用 scikit-learn 的文本學習（text.py）

```
predicted=clf.predict(new_tfidf)

cat=['soc.religion.christian','comp.graphics']
from sklearn.datasets import fetch_20newsgroups
train=fetch_20newsgroups(subset='train', categories=cat, \
    shuffle=True, random_state=42)
from sklearn.feature_extraction.text import CountVectorizer
vect=CountVectorizer()
trainc=vect.fit_transform(train.data)
trainc.shape
vect.vocabulary_.get(u'algorithm')
from sklearn.feature_extraction.text import TfidfTransformer
tfidf=TfidfTransformer()
train_tfidf=tfidf.fit_transform(trainc)
train_tfidf.shape
from sklearn.naive_bayes import MultinomialNB
clf=MultinomialNB().fit(train_tfidf, train.target)
while 1:
    input=raw_input('enter: ')
    new_counts=vect.transform([input])
    new_tfidf=tfidf.transform(new_counts)
    predicted=clf.predict(new_tfidf)
    for cate in predicted:
        print train.target_names[cate]
```

4.2.2 用馬可夫模式預測卡通「海螺小姐」的猜拳

使用 Python 的程式館的話，自己也可以輕易地測定全部組合的頻率。這裡的例子是使用卡通「海螺小姐（サザエさん）」中，過去的猜拳數據（剪刀、石頭、布）來預測對方下一手會出什麼，並獲得勝利。下列網站上有海螺小姐中出現過的「剪刀、石頭、布」數據。

http://www.asahi-net.or.jp/~tk7m-ari/sazae_ichiran.html

使用這個數據，求取「剪刀、石頭、布」的馬可夫過程的變遷機率（transition probability），從機率來決定下一手要出什麼。

可以從前一手預測下一手，也可以從前兩手與前一手來預測下一手。

第 1 次　　91.10.20 石頭

第 2 次　　91.10.27 剪刀

…

第 1219 次 15.03.08 布

第 1220 次 15.03.15 石頭

首先將 sazae_ichiran.html 上所顯示的猜拳數據以複製／貼上的方式，輸入檔案 sazae.txt 中

程式如**原始碼 4.2** 所示。

```
$ wget $take/markov.py
```

▼原始碼 4.2　海螺小姐的猜拳（markov.py）

```
# -*- coding: utf-8 -*-
import numpy as np
f=open('sazae.txt','r')
lines=f.readlines()
out=open('janken.txt','w')
for i in lines:
 if len(i)>1: out.write(i.split()[2])
out.close()
f=open('janken.txt','r')
lines=f.readlines()
g='石頭
c='剪刀'
p='布'
m=np.array([g,c,p])
def op1(x):
 for i in x:
  for j in lines:
    print i,'=',j.count(i)
def op2(x,y):
 for i in x:
  for j in y:
   for k in lines:
    print i+j,'=',k.count(i+j)
def op3(x,y,z):
 for i in x:
  for j in y:
   for k in z:
    for l in lines:
     print i+j+k,'=',l.count(i+j+k)
op1(m)
op2(m,m)
op3(m,m,m)
```

chapter 1 chapter 2 chapter 3 chapter 4 chapter 5 chapter 6 chapter 7 chapter 8 appendix sazae.txt 裡也有空白行，所以要用下面 6 行程式來消除空白行，並生成 janken.txt 檔案。

```
f=open('sazae.txt','r')
lines=f.readlines()
out=open('janken.txt','w')
foriinlines:
 iflen(i)>1:out.write(i.split()[2])
out.close()
```

接下來只抽取出猜拳，並代入矩陣。剪刀、石頭、布的組合包含：石頭石頭、石頭剪刀、石頭布、剪刀石頭、剪刀剪刀、剪刀布、布石頭、布剪刀、布布。以下介紹簡單求取各個組合的遷移機率的方法。

因為全部的組合都會發生，所以使用以下的函數。

```
def op1(x):
 for i in x:
  for j in lines:
    print i,'=',j.count(i)
```

照順序將全部的 x 要素輸入「i」，每次都要搜尋全部的猜拳數據 lines，j.count（i）函數會輸出 i 字串的頻率。剪刀的頻率看來是最高的。

count（i）函數是很方便的函數，在處理文本時很好用。

```
石頭= 379(0.321)
剪刀 = 409(0.347)
布 = 392(0.332)
```

同樣地，op2（x,y）會輸出 2 個連續猜拳的全部組合的頻率。使用過去發生過的數據，發現石頭之後出剪刀的頻率較高（機率：0.426）。石頭之後出布為第 2 高，石頭之後出石頭的頻率較低。

```
def op2(x,y):
 for i in x:
  for j in y:
   for k in lines:
    print i+j,'=',k.count(i+j)
```

```
石頭石頭 = 76
石頭剪刀 = 155
石頭布 = 133
剪刀石頭 = 151
剪刀剪刀 = 67
剪刀布 = 165
布石頭 = 135
布剪刀 = 167
布布 = 75
```

op3 (x,y,z) 會輸出 3 個連續猜拳的全部組合的頻率。上上次出的是布，上次出的是石頭，所以從機率的高低順序來說，應該是剪刀 (0.564)，石頭 (0.24)，布 (0.195)，所以下一把應該還是會出剪刀。

```
布石頭石頭 = 32
布石頭剪刀 = 75
布石頭布 = 26
```

4.3 使用 statsmodels 與 scikit-learn 做複迴歸分析

請使用以下指令搜尋 Python 程式館 statsmodels [†8]。

```
# apt-cache search statsmodels
python-statsmodels
```

找到 Python 程式館 statsmodels 後，用以下指令來安裝。

```
# apt-get install python-statsmodels
```

4.3.1 使用 statesmodels 的 OLS 模型做複迴歸分析

我們要使用 Python 的 statsmodels 程式館的 OLS (Ordinary Least Squares) 模型，進行複迴歸分析。請從下列網站下載並解壓縮 ice.zip，得到 ice.csv 檔案。

http://xica-inc.com/adelie/sample/data/ice.zip

使用 ice.csv 的數據，以複迴歸分析來看最高氣溫與店舖前通行人數對冰淇淋銷售額的影響。

† 8 使用 Cygwin 的話，請用 http://www.lfd.uci.edu/~gohlke/pythonlibs/ 來搜尋。

把 ice.csv 檔案開頭的「日期」改寫為「date」，「冰淇淋銷售額」改寫為「ice」，「最高氣溫」改寫為「temp」，「通行人數」改寫為「street」[†9]。因此，31 天分的數據 ice.csv 構造如下。

```
$ cat ice.csv
date,ice,temp,street
2012/8/1,12220,26,4540
2012/8/2,15330,32,5250
…
2012/8/31,11160,27,4410
```

date、ice、temp、street 各自代表日期，冰淇淋銷售額、最高氣溫、通行人數、複迴歸式表現如下。

ice=a1*temp+a2*street+const

也就是說，求取這些係數（coef：const，a1，a2），並計算複迴歸式的效度、解釋變數（最高氣溫與通行人數）的 t 值與模型決定係數即可。

請用以下指令下載程式。

```
$ wget $take/reg.py
```

reg.py 是複迴歸分析的 Python 程式。reg.py 如**原始碼 4.3** 所示。

▼原始碼 4.3　使用 statsmodels 的複迴歸分析程式（reg.py）

```
import pandas as pd
import numpy as np
import statsmodels.api as sm
import matplotlib.pyplot as plt
data=pd.read_csv('ice.csv')
x=data[['temp','street']]
x=sm.add_constant(x)
y=data['ice']
est=sm.OLS(y,x).fit()
print est.summary()
```

† 9　下載來的 ice.csv 檔的饋行碼（line feed code）有可能是「CR（Macintosh）」。若是如此，請在改寫檔案開頭並保存時，將饋行碼變更為「CR+LF（Windows）」或是「LF（Linux）」。另外，以 Cygwin 執行時，修正檔案也可以使用能夠變更饋行碼的 Windows 應用程式編輯器。

一般來說，t 檢定的 t 值在 2 以上或 -2 以下時，顯著水準滿足 5%。所以機率會在 5% 以下，難以視為偶然。另外，決定係數（R-squared）越接近 100%，模型的效度越高。

```
$ python reg.py
```

執行結果如**表 4.1** 所示。決定係數（R-squared）為 45%，此模型的效度有些令人存疑。

另外，解釋變數的係數是 a1=176.1438，a2=1.3104，通行人數的 t 值在 2 以上，滿足顯著水準，可是最高氣溫並不能說是滿足了顯著水準。從這個模型來看，a1 係數代表溫度每上升 1℃，則銷售額會提升 176 日圓；而通行人數每增加 1 人，銷售額會提升 1.3 日圓。

表 4.1　reg.py 的執行結果

```
R-squared: 0.450
                 coef    std err          t      P>|t|      [95.0% Conf. Int.]
-------------------------------------------------------------------------------
const        794.1355   4699.350      0.169      0.867     -8832.046  1.04e+04
temp         176.1438    145.863      1.208      0.237      -122.643   474.930
street         1.3104      0.283      4.626      0.000         0.730     1.891
===============================================================================
```

reg.py 加上繪圖顯示功能的程式「reg_gui.py」如**原始碼 4.4** 所示。

```
$ wget $take/reg_gui.py
$ python reg_gui.py
```

▼原始碼 4.4　reg.py 加上繪圖顯示功能的程式（reg_gui.py）

```
from math import *
import pandas as pd
import numpy as np
import statsmodels.api as sm
import matplotlib.pyplot as plt
import re,os
data=pd.read_csv('ice.csv')
x=data[['temp','street']]
x=sm.add_constant(x)
y=data['ice']
est=sm.OLS(y,x).fit()
```

```
t=np.arange(0.0,31.0)
const,tem,st=est.params
ax = plt.subplot(111)
ax.text(0.0,0.9,'coef:temp,  street, R-squared', \
  transform=ax.transAxes,fontsize=15)
ax.text(0.08,0.8,str('%.2f'%tem)+', '+str('%.2f'%st)+', \
  '+str('%.3f'%est.rsquared),transform=ax.transAxes,fontsize=15)
plt.plot(t,data['ice'],'--',t, \
  tem*data['temp']+st*data['street']+const,'-')
plt.show())
```

執行結果如**圖 4.6** 所示。圖 4.6 中的細虛線是實際銷售額，實線為預測值。

圖 4.6　reg_gui.py 的複迴歸結果

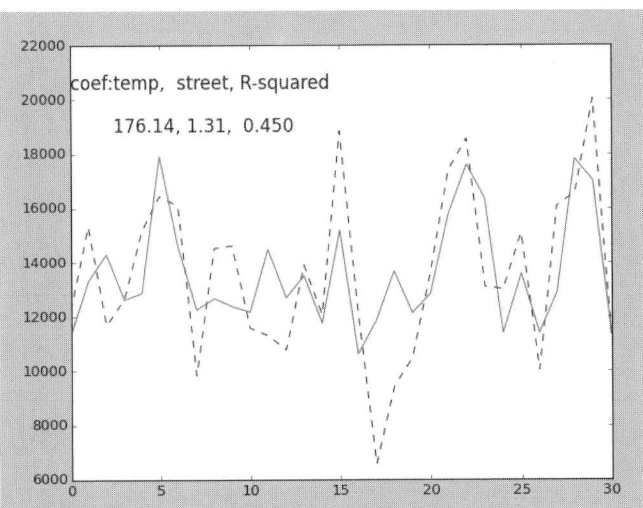

4.3.2 使用 statesmodels 的 RLM 模型做複迴歸分析

使用 Robust Linear Model（RLM）複迴歸分析時，要使用原始碼 4.5 的程式。改變之處只有從 OLS 模型變為 RLM 模型而已。

```
$ wget $take/rlm.py
$ python rlm.py
```

▼原始碼 4.5　使用 Robust-linear-model 的複迴歸程式（rlm.py）

```
import pandas as pd
import numpy as np
import statsmodels.api as sm
import matplotlib.pyplot as plt
data=pd.read_csv('ice.csv')
x=data[['temp','street']]
y=data['ice']
est=sm.RLM(y,x,M=sm.robust.norms.HuberT()).fit()
t=np.arange(0.0,31.0)
print est.summary()
tem,st=est.params
ax = plt.subplot(111)
plt.plot(t,data['ice'],'--',t, \
  tem*data['temp']+st*data['street'],'-')
plt.show()
```

4.3.3 使用 scikit-learn 的 Lasso 模型做複迴歸分析

使用 scikit-learn 的 Lasso 模型做複迴歸分析時，要用**原始碼 4.6** 所示的程式 lasso.py。決定係數（R-squared）為 45%。

```
$ wget $take/lasso.py
```

▼原始碼 4.6　使用 Lasso 複迴歸（lasso.py）

```
import pandas as pd
import numpy as np
import statsmodels.api as sm
from sklearn import linear_model
import matplotlib.pyplot as plt
data=pd.read_csv('ice.csv')
x=data[['temp','street']]
x=sm.add_constant(x)
y=data['ice']
clf=linear_model.Lasso()
clf.fit(x,y)
p=clf.predict(x)
print clf.coef_
print clf.score(x,y)
t=np.arange(0.0,31.0)
ax = plt.subplot(111)
plt.plot(t,data['ice'],'--',t,p,'-')
plt.show()
```

4.3.4 使用 scikit-learn 的 AdaBoost 與 DecisionTree 模型做複迴歸分析

使用目前流行的集成學習的複迴歸（AdaBoost 與 DecisionTree）分析案例如**原始碼 4.7** 所示。比起從 4.3.1 至 4.3.3 所介紹的 OLS、RLM、Lasso 等模型，使用集成學習的複迴歸分析預測精確度可是完全不同。

DecisionTree 的決定係數（R-squared）為 76.6 %，AdaBoost 的是 95.85%。集成學習的性能非常明顯。

```
$ wget $take/adaboost.py
```

▼原始碼 4.7　AdaBoost 與 DecisionTree 的複迴歸分析（adaboost.py）

```
import pandas as pd
import numpy as np
import statsmodels.api as sm
from sklearn.tree import DecisionTreeRegressor
from sklearn.ensemble import AdaBoostRegressor
import matplotlib.pyplot as plt
data=pd.read_csv('ice.csv')
x=data[['temp','street']]
y=data['ice']
rng=np.random.RandomState(1)
clf1=DecisionTreeRegressor(max_depth=4)
clf2=AdaBoostRegressor(DecisionTreeRegressor(max_depth=4), \
  n_estimators=300,random_tate=rng)
clf1.fit(x,y)
clf2.fit(x,y)
p1=clf1.predict(x)
p2=clf2.predict(x)
print clf1.score(x,y)
print clf2.score(x,y)
t=np.arange(0.0,31.0)
plt.plot(t,data['ice'],'--b')
plt.plot(t,p1,':b')
plt.plot(t,p2,'-b')
plt.legend(('real','dtree','adaB'))
plt.show()
```

```
$ python adaboost.py
```

執行結果如**圖 4.7** 所示。在 `plt.plot` 的繪圖線中，'-' 為實線，'--' 為虛線，'-.' 為一長一點之虛線，':' 為圓點虛線。結果比起 DecisionTree（實線），AdaBoost（虛線）的預測更準。

圖 4.7 AdaBoost 與 DecisionTree 的比較

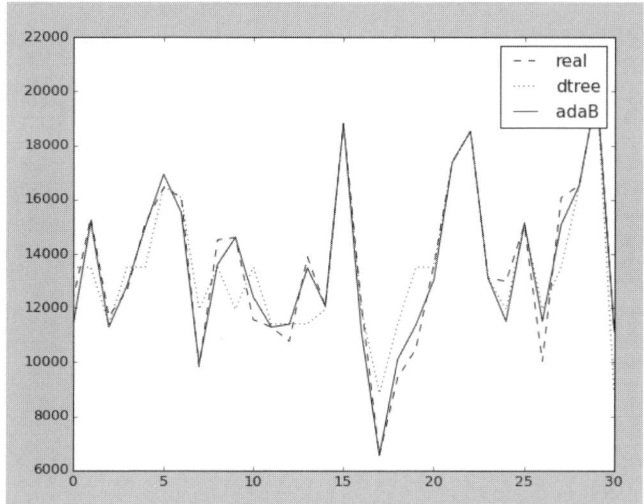

4.3.5 使用 scikit-learn 的 RandomForest 模型做複迴歸分析

使用 RandomForest 集成學習的複迴歸分析案例如**原始碼** 4.8 所示。執行結果如**圖** 4.8 所示。集成學習的決定係數（R-squared）為 85.8%。

```
$ wget $take/randomforest.py
```

▼原始碼 4.8 使用 RandomForest 的複迴歸分析案例（randomforest.py）

```
import pandas as pd
import numpy as np
import statsmodels.api as sm
from sklearn.ensemble import RandomForestRegressor
import matplotlib.pyplot as plt
data=pd.read_csv('ice.csv')
x=data[['temp','street']]
y=data['ice']
clf=RandomForestRegressor(n_estimators=150, min_samples_split=1)
clf.fit(x,y)
print clf.score(x,y)
p=clf.predict(x)
```

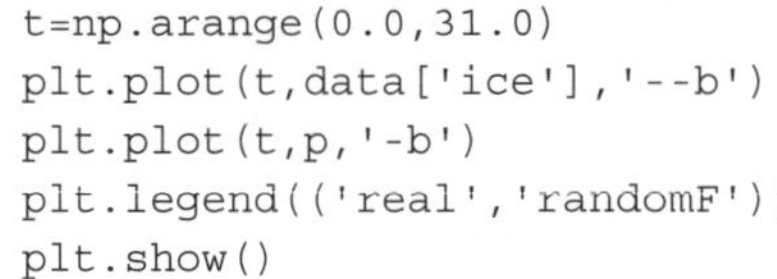

```
t=np.arange(0.0,31.0)
plt.plot(t,data['ice'],'--b')
plt.plot(t,p,'-b')
plt.legend(('real','randomF'))
plt.show()
```

圖 4.8 使用 RandomForest 的複迴歸分析結果

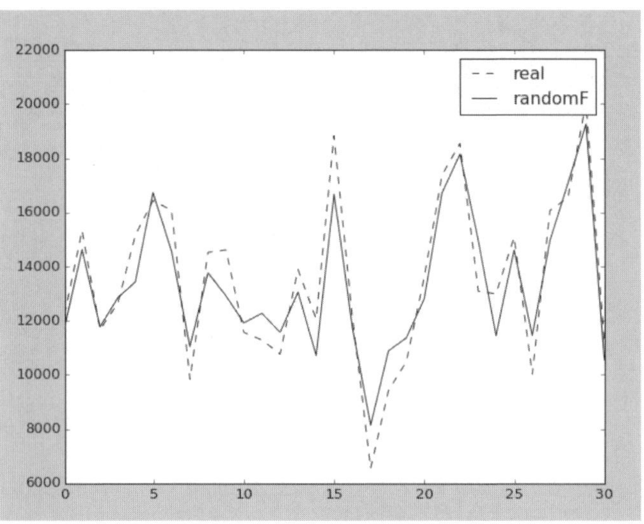

4.3.6 使用 scikit-learn 的其他集成學習模型做複迴歸分析

其他還有名為 Bagging、Extremely Randomized Trees、GradientBoosting 的集成學習模式。使用如下程式，即可簡單地應用集成學習模式。在這裡，已經學習過的分類器 clf 可做如下表現。

Bagging 模型的程式（regressor）

```
from sklearn.ensemble import BaggingRegressor
from sklearn.neighbors import KNeighborsRegressor
clf= BaggingRegressor(KNeighborsRegressor(),max_samples=0.5, \
  max_features=0.5)
```

Bagging 模型的程式（classifier）

```
from sklearn.ensemble import BaggingClassifier
from sklearn.neighbors import KNeighborsClassifier
clf= BaggingClassifier(KNeighborsClassifier(),max_samples=0.5, \
max_features=0.5)
```

Extremely Randomized Trees 模型的程式（regressor）

```
from sklearn.ensemble import ExtraTreesRegressor
clf = ExtraTreesRegressor(n_estimators=10, max_depth=None, \
    min_samples_split=1,random_state=0)
```

Extremely Randomized Trees 模型的程式（classifier）

```
from sklearn.ensemble import ExtraTreesClassifier
clf = ExtraTreesClassifier(n_estimators=100, max_depth=None, \
    min_samples_split=1,random_state=0)
```

GradientBoosting 模型的程式（regressor）

```
from sklearn.ensemble import GradientBoostingRegressor
clf = GradientBoostingRegressor(n_estimators=100, \
    learning_rate=1.0,max_depth=1,random_state=0)
```

GradientBoosting 模型的程式（classifier）

```
from sklearn.ensemble import GradientBoostingClassifier
clf = GradientBoostingClassifier(n_estimators=100, \
    learning_rate=1.0,max_depth=1,random_state=0)
```

即使把集成學習納入考慮，本章中得到冠軍的模型也是 Extremely Randomized Trees。其結果如**圖 4.9** 所示。決定係數為 96.8%。

圖 4.9　Extremely Randomized Trees 的結果

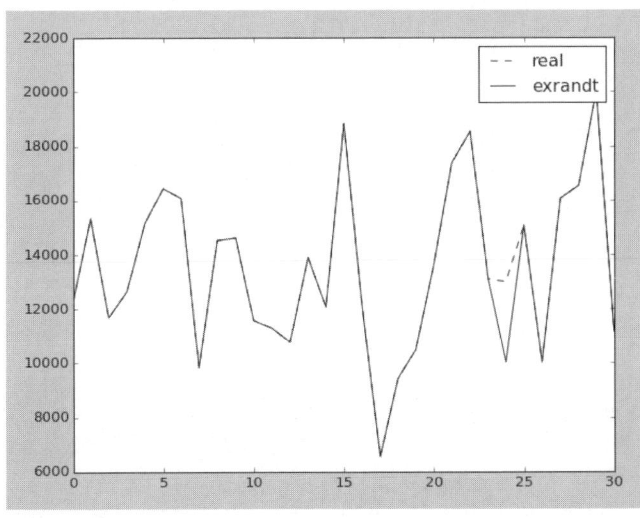

4.4 Neural Network Deep Learning

使用深度神經網路的機器學習在處理速度上有著飛躍性的進步。以前為了進行高速處理，必需用 C 語言書寫程式，現在不僅有了各種封包，還可以輕易地用 Python 進行實驗。這裡介紹一下可以高速執行的封包。

數年前出現了一個驚人的系統，這個系統可以完成與人類同等級的手寫數字辨識，辨識錯誤率只有 0.23%（**表 4.2**）。

這是使用 NIST（美國國立標準技術研究所）所建立的手寫數字基準數據（benchmark data）（共有 6 萬筆學習用影像數據與 1 萬筆測試用數據）來比較算法的良莠。

各位可由下列網站下載並解壓縮 master.zip 檔案。

https://github.com/mnielsen/neural-networks-and-deep-learning/archive/master.zip

表 4.2　手寫數字辨識算法的比較
（取自 http://en.wikipedia.org/wiki/MNIST_database）

Type	Classifier	Preprocessing	Error rate（%）
Linear classifier	Pairwise linear classifier	Deskewing	7.6
K-Nearest Neighbors	K-NN with non-linear deformation (P2DHMDM)	Shiftable edges	0.52
Boosted Stumps	Product of stumps on Haar features	Haar features	0.87
Non-Linear Classifier	40 PCA + quadratic classifier	None	3.3
Support vector machine	Virtual SVM, deg-9 poly, 2-pixel jittered	Deskewing	0.56
Neural network	6-layer NN 784-2500-2000-1500-1000-500-10 (on GPU), with elastic distortions	None	0.35
Convolutional neural network	Committee of 35 conv. net, 1-20-P-40-P-150-10, with elastic distortions	Width normalizations	0.23

```
$ unzip master.zip
$ cd neural-networks-and-deep-learning-master/src
$ wget $take/ytNN.tar
$ tar xvf ytNN.tar
$ mv ytNN/* .
```

筆者加入了以下 5 個檔案。

digitNN.py、digitNN2.py、digitNN3.py、resize.py、new.png

▼原始碼 4.9　digitNN.py

```
import gzip,sys,os
import mnist_loader
trd,vd,td=mnist_loader.load_data_wrapper()
import network
net=network.Network([784,30,10])
print "start supervised learning..."
net.SGD(trd,3,10,3.0,test_data=td)
import cPickle
if len(sys.argv)==1:
        i=0
else:
        i=sys.argv[1]
x,y=trd[int(i)]
print network.np.argmax(net.feedforward(x))
import matplotlib.cm as cm
import matplotlib.pyplot as plt
plt.imshow(x.reshape((28,28)),cmap=cm.Greys_r)
plt.show()
os._exit(0)
```

```
trd,vd,td=mnist_loader.load_data_wrapper()
```

在上面的 digitNN.py 的程式中，下載 NIST 的基準數據，並代入 3 個變數：trd（5 萬筆學習數據）、vd（1 萬筆數據）、td（1 萬筆測試數據）。

```
net=network.Network([784,30,10])
```

另外用下式指定前饋類神經網路的大小：輸入層有 784 個神經元，隱藏層有 30 個神經元，輸出層有 10 個神經元。輸入層的 784 個神經元是以 28×28〔畫素〕=784 來做影像辨識。輸出層的 10 個神經元是為了識別 0 至 9 等 10 個數字。

```
net.SGD(trd,3,10,3.0,test_data=td)
```

上式為隨機梯度下降法（stochastic gradient descent method），第 2 個引數 3 是指 epoch 次數，第 3 個引數 10 是指一次 epoch 的學習次數，第 4 個引數 3.0 是指學習係數。畫面上會顯示高達 1 萬個的測試用文字數據中，成功辨識了幾個數據。使用方法為執行下列指令。

```
$ python digitNN.py 54
start supervised learning...
Epoch 0: 9102 / 10000
```

54 的意思是將學習文字的第 54 個數據輸入深度神經網路，並確認辨識結果。

```
plt.imshow（x.reshape（（28,28））,cmap=cm.Greys_r）
```

上式是指顯示該文字的影像畫面（**圖 4.10**）。

使用**原始碼** 4.10 中所示之 digitNN2.py，可以測試自己所做的影像。因為一定要用 28×28 的影像檔，所以首先要以繪圖工具製作手寫文字的影像檔案。將檔名設為 test.png，就會自動生成 28×28 的檔案。此時 test.png 為輸入檔案，new.png 為輸出檔案。

圖 4.10 「Python digitNN.py54」的執行結果

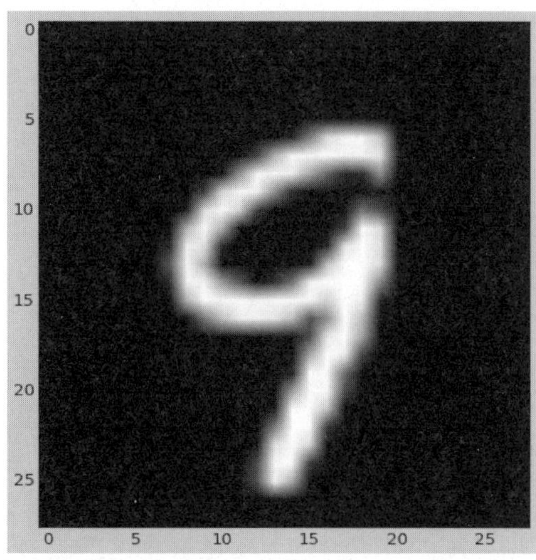

▼原始碼 4.10 digitNN2.py

```
import gzip,sys,os
import mnist_loader
trd,vd,td=mnist_loader.load_data_wrapper()
import network
net=network.Network([784,30,10])
print "start supervised learning..."
net.SGD(trd,3,10,3.0,test_data=td)
import cPickle
import matplotlib.pyplot as plt
import matplotlib.image as mpimg
import numpy as np
img=mpimg.imread('new.png')
im=img[:,:,0]
a=im.ravel()
stack=[]
```

```
for i in range(784):
        stack.append([a[i]])
print network.np.argmax(net.feedforward(stack))
import matplotlib.cm as cm
import matplotlib.pyplot as plt
plt.imshow(a.reshape((28,28)),cmap=cm.Greys_r)
plt.show()
os._exit(0)
```

執行下列指令，可將影像檔 test.png 變換為 28×28 的影像檔 new.png。

```
$ python resize.py test.png new.png
$ python -i digitNN2.py
start supervised learning...
Epoch 0: 9065 / 10000
Epoch 1: 9226 / 10000
Epoch 2: 9353 / 10000
2
```

深度神經網路會先開始學習，學習結束後，將 new.png 作為輸入數據交給已學習過的深度神經網路，使其判定數字，並輸出其結果（**圖 4.11**）。

圖 4.11 digitNN2.py 的執行結果

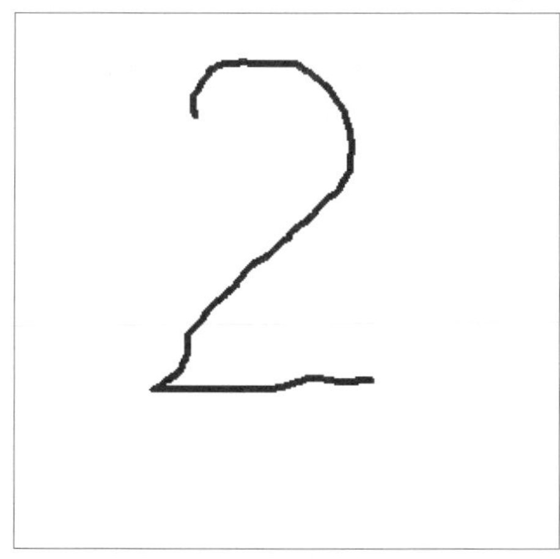

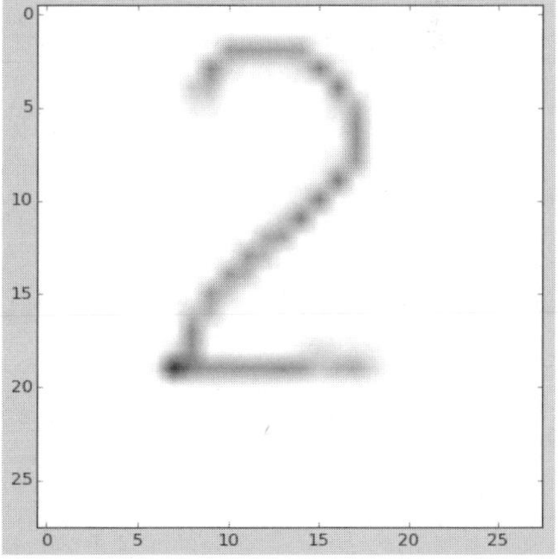

digitNN3.py 會保存正在學習中的深度神經網路參數，也可以重新載入已學習過的網路（**原始碼 4.11**）。在 netSGD(trd,epoch,mini _ batch,...) 函數中，1 次 epoch 的學習次數為 mini _ batch 的次數。

```
$ python -i digitNN3.py
enter No. of neurons in hidden layer:
54
start supervised learning...
Epoch 0 training complete
Accuracy on evaluation data: 9539 / 10000
...
Epoch 2 training complete
Accuracy on evaluation data: 9639 / 10000

q:quit c:continue s:save L:load e:epoch
q
$
```

▼原始碼 4.11 digitNN3.py

```
import mnist_loader
trd,vd,td=mnist_loader.load_data_wrapper()
import network2,os
hidden=raw_input('enter No. of neurons in hidden layer: \n')
net=network2.Network([784,int(hidden),10])
print "start supervised learning..."
net.SGD(trd,3,10,0.5,lmbda=1.0,evaluation_data=vd,
        monitor_evaluation_accuracy=True)
while 1:
 q=raw_input('q:quit c:continue s:save L:load e:epoch\n')
 if q=='q':os._exit(0)
 elif q=='c':
  print 'continue...'
  net.SGD(trd,3,10,0.5,lmbda=1.0,evaluation_data = vd,
          monitor_evaluation_accuracy = True)
 elif q=='s':
  print 'file saved'
  net.save('saved')
 elif q=='L':
  print 'file loaded'
  net=network2.load('saved')
 elif q=='e':
  ep=raw_input('enter epoch number: \n')
  print 'epoch changed'
  print 'restart supervised learning...'
  net.SGD(trd, int(ep), 10, 0.5, lmbda=1.0,
     evaluation_data=vd, monitor_evaluation_accuracy=True)
 else:q=raw_input('q:quit c:continue s:save L:load\n')
```

Chapter 5

使用 Python 做影像處理（OpenCV）

OpenCV 已被採用為 Google 的自動駕駛影像處理。這裡為各位介紹使用攝影機作為感測器的製作方法。

用 Windows 安裝 Python 的 OpenCV 程式館時，請以 Cygwin 從下列網站下載檔案 opencv_xxx.whl，並以 pip 指令安裝。

http://www.lfd.uci.edu/~gohlke/pythonlibs/#statsmodels

```
$ pip install opencv_xxx.whl
```

如果是用 Linux，則是使用以下指令。

```
# apt-get install python-opencv
```

5.1 使用 OpenCV 的基本程式

用 Windows下載攝影機的基本程式 cam0.py。cam0.py 如**原始碼 5.1** 所示。

```
$ wget $take/cam0.py
```

▼原始碼 5.1　cam0.py

```
import cv2,os
import numpy as np
from time import sleep
c= cv2.VideoCapture(0)
sleep(3)
out=cv2.VideoWriter("a.avi",cv2.cv.CV_FOURCC(*'XVID'),20, \
    (640,480))
while(1):
 r,img = c.read()
 cv2.putText(img,str(c.get(3))+''+str(c.get(4)),(40,40), \
    cv2.FONT_HERSHEY_COMPLEX_SMALL,1,(0,255,0),thickness=1)
 cv2.imshow("input",img)
 k = cv2.waitKey(50)
 out.write(img)
 if k == 32:
  cv2.imwrite('a.png',img)
  out.release()
 if k == 27:
  os._exit(0)
c.release()
cv2.destroyAllWindows()
```

用附攝影機的 Windows 系統執行以下指令，就會顯示畫面。畫面上還會疊加攝影機影像的縱橫尺寸。

```
$ python -i cam0.py
```

操作方式：用空格鍵來拍照片（生成檔案 a.png）。cv2.imwrite ( ) 是拍攝該照片的函數。用「Esc」鍵來結束拍照。用 cv2.waitKey ( ) 函數來讀取鍵盤上的按鍵。

cv2 是 OpenCV 的程式館。用 c=cv2.VideoCapture（0）來設定視訊擷取。若有多個攝影機，就改變號碼 0 的設定。

以 r,img=c.read ( ) 將視訊代入變數 img。以 cv2.putText ( ) 函數將文本疊加至畫面。以 cv2.imshow ( ) 將視訊畫面顯示於電腦。

以 cv2.VideoWriter ( ) 函數與 out.write ( ) 函數將影像保存為影片視訊 a.avi 與靜止畫面 a.png。

接下來介紹 color.py **（原始碼 5.2）**。color.py 是用來將 BGR（blue、green、red）變換為 HSV（Hue Saturation Value）模式。在本案例中，即是將綠色、藍色、紅色變換為 HSV。

```
$ wget $take/color.py
```

▼原始碼 5.2 color.py

```
import cv2,os
import numpy as np
green=np.uint8([[[0,255,0]]])
hsv_green=cv2.cvtColor(green,cv2.COLOR_BGR2HSV)
print 'green=',hsv_green
blue=np.uint8([[[255,0,0]]])
hsv_blue=cv2.cvtColor(blue,cv2.COLOR_BGR2HSV)
print 'blue=',hsv_blue
red=np.uint8([[[0,0,255]]])
hsv_red=cv2.cvtColor(red,cv2.COLOR_BGR2HSV)
print 'red=',hsv_red
os._exit(0)
```

使用 HSV，就可以用程式「cam1.py」只抽出藍色（藍色 mask 與 color frame 的 AND 位元演算），如**原始碼 5.3** 所示。其他還有灰階變換的例子。將藍色的物體朝著攝影機，就會只顯示那個部分。想結束程式就按「Ctrl+c」。

```
$ wget $take/cam1.py
```

▼原始碼 5.3 cam1.py

```
import numpy as np
import cv2,os
from time import sleep
c = cv2.VideoCapture(0)
sleep(3)
#history, nmixtures, backgroundRatio, noiseSigma, learning_rate
bgsub=cv2.BackgroundSubtractorMOG(0,0,0,0)
while(1):
        ret, frame = c.read()
        gray = cv2.cvtColor(frame, cv2.COLOR_BGR2GRAY)
        hsv = cv2.cvtColor(frame, cv2.COLOR_BGR2HSV)
    # define range of blue color in HSV
        lower_red = np.array([175, 50, 50], dtype=np.uint8)
        upper_red = np.array([180,255,255], dtype=np.uint8)
    # Threshold the HSV image to get only blue colors
        mask = cv2.inRange(hsv, lower_red, upper_red)
    # Bitwise-AND mask and original image
        res = cv2.bitwise_and(frame,frame, mask= mask)
        sub=bgsub.apply(frame)
        cv2.imshow('frame',frame)
```

```
        cv2.imshow('gray',gray)
        cv2.imshow('mask',mask)
        cv2.imshow('frame&mask',res)
        cv2.imshow('bgsub',sub)
        if cv2.waitKey(1) & 0xFF == ord('q'):
            os._exit(0)
cap.release()
cv2.destroyAllWindows()
```

5.2 使用攝影機的可見光通訊

接下來介紹可見光通訊程式。這裡是用收集魔術方塊的顏色資訊作為例子。把魔術方塊放在攝影機前，就會顯示 HSV 資訊。

筆者參考了下列網站的 cubefinder.py 來加工修正。

https://gist.github.com/xamox/2402792

首先，請用以下指令下載檔案 cubefinder.py。

```
$ wget https://gist.githubusercontent.com/xamox/2402792/raw/21
92aeddc2e06ea2a9f97d424dc93413c0d17b3b/cubefinder.py
```

接下來對 cubefinder.py 進行加工。筆者先將利用開放原始碼程式的方式統整成下列幾點。

1. 不論如何，先試著動看看目標程式。
2. 為了得到所需的資訊，了解該怎麼做比較好，要嘗試各種更動程式的方法。
3. 利用在第 2 步驟所得到的資訊，來加工修正原始程式。

實際啟動原始程式後，可以了解到 2 件事。第 1 點是輸入空格鍵，就會擷取魔術方塊的 9 個顏色，並顯示畫面。另外則是按下「q」鍵就會顯示 HSV 資訊。

輸入空格鍵，只是在變數 extract 中代入 True 而已。而輸入「q」鍵，則是執行 print hsvs。從結論來看，就是我們要使 extract=True，顯示出非空白的 hsvs。

但是單純只用 print hsvs 的話，空白的 hsvs 也會顯示出來。也就是說，這裡的程式變更是要讓 hsvs 能夠判定出非空白處，若是非空白處，就會顯示 hsvs 資訊並結束程式。光源若穩定，就能夠顯示穩定的 hsvs 資訊。

cubefinder.py 變更處：

第 713 行（「# processing depending on the character」的前一行）至最後一行的前一行之間，用 3 個單引號 ''' （comment）框住。

```
'''            ←第 713 行
# processing depending on the character
...
'''            ←最後一行的前一行
cv.DestroyWindow（「Fig」）
```

在第 713 行的下一行插入下列 4 行。

```
'''            ←第 713 行
      extract=True                      ←追加這 4 行
      if len（hsvs[0]）>0:              ←
          print hsvs                    ←
          os._exit（0）                 ←到這裡為止
# processing depending on the character
```

在最初的第 3 行之後插入「import os」，並在其附近的「capture=...」之後插入 sleep（3）。

```
#!/usr/bin/Python
import cv2.cv as cv
import sys     ←第 3 行
import os      ←追加
from random import uniform
...
capture = cv.CreateCameraCapture（0）
sleep（3）     ←追加
cv.NamedWindow（"Fig",1）
```

將全部的 print 指令置換為 #print。不要動剛才插入的「print hsvs」。

從 cubefinder.py 加工而成的檔案 cube.py，可以由下列網址下載。

```
$ wget $take/cube.py
```

請各位在穩定光源下，試著做做看各種實驗吧。

```
$ python -i cube.py
[[(0.0, 0.0), (81.21527777777777, 9.972222222222221), (120.493
05555555556,152.04861111111111), (0.0, 0.0), (30.0, 231.597222
22222223), (41.895833333333336, 249.70833333333334), (117.2430
5555555556, 189.52777777777777), (119.13194444444444, 181.0694
4444444446), (0.0, 0.0)], [], [], [], [], []]
```

如果用彩色 LED 代替魔術方塊，會很像在進行很正式的通訊。

5.3 試著數數看物品或人數

筆者在 Chaper 1 介紹了 16 行的 face.py 程式。請由下列網站下載已經機器學習過臉部辨識的檔案 face_cv2.xml。

https://raw.githubusercontent.com/sightmachine/SIM 卡 pleCV/master/SIM 卡 pleCV/Features/HaarCascades/face_cv2.xml

```
$ wget $take/face.py
```

請使用以下指令下載測試影像。

```
$ wget http://www.awaji-info.com/seijin2006/seidan.JPG
```

執行以下指令，即可生成 detected.jpg 檔案。畫面上也會顯示人數。各位也可以試試其他人數較多的團體照。

```
$ python face.py seidan.JPG
148
```

重要的是已學習過的 face_cv2.xml 檔案。在做臉部辨識時，cascade.detectMultiScale() 函數中的 2 個參數（1.0342,6）很重要。

face.py 如**原始碼 5.4** 所示。

▼原始碼 5.4　face.py

```
import sys,cv2
def detect(path):
    img = cv2.imread(path)
    cascade = cv2.CascadeClassifier("face_cv2.xml")
    rects = cascade.detectMultiScale(img, 1.0342, 6, \
        cv2.cv.CV_HAAR_SCALE_IMAGE,(20,20))
    if len(rects) == 0:
        return [], img
    rects[:, 2:] += rects[:, :2]
    return rects, img
def box(rects, img):
    for x1, y1, x2, y2 in rects:
      cv2.rectangle(img, (x1, y1), (x2, y2), (127, 255, 0), 2)
    cv2.imwrite('detected.jpg', img);
rects, img = detect(str(sys.argv[1]))
box(rects, img)
print len(rects)
```

以下所示案例程式「red_count.py」（**原始碼 5.5**）的內容是要數出紅色物體的數目，並顯示出其數目與位置資訊。這需要 SciPy 程式館。

```
$ wget $take/red_count.py
```

▼原始碼 5.5　red_count.py

```
import cv2
import numpy as np
from time import sleep
from scipy import ndimage
c=cv2.VideoCapture(0)
sleep(3)
cx_old=0
cy_old=0
while(1):
    _,frame = c.read()
    frame=cv2.flip(frame,1)
    frame = cv2.blur(frame,(7,7))
    hsv = cv2.cvtColor(frame,cv2.COLOR_BGR2HSV)
    thresh = cv2.inRange(hsv,np.array((-10, 180, 180)), \
        np.array((10, 255, 255)))
    thresh2 = thresh.copy()
```

```
        dnaf=ndimage.gaussian_filter(thresh,8)
        T=20
        label,nr_objects=ndimage.label(dnaf>T)
        contours,hierarchy = \
            cv2.findContours(thresh,cv2.RETR_LIST, \
                cv2.CHAIN_APPROX_SIMPLE)
        max_area = 0
        best_tri=0
        for tri in contours:
            area = cv2.contourArea(tri)
            if area > max_area:
                max_area = area
                best_tri = tri
            M = cv2.moments(best_tri)
            cx,cy = int(M['m10']/(M['m00']+0.0001)), \
                int(M['m01']/(M['m00']+0.0001))
        #cv2.line(frame,(cx,cy),(cx_old,cy_old),(0,255,0))
            cv2.circle(frame,(cx,cy),5,255,-1)
            cv2.putText(frame,str(cx)+'  '+str(cy),(cx,cy), \
                cv2.FONT_HERSHEY_COMPLEX_SMALL,1,(255,255,0))

        cv2.putText(frame,str(nr_objects),(30,30), \
          cv2.FONT_HERSHEY_COMPLEX_SMALL,2,(255,25,0),thickness=2)
        cv2.imshow('thresh',thresh2)
        cv2.imshow('frame',frame)
        if cv2.waitKey(100)==27:
            cv2.imwrite('test.png',frame)
    cv2.destroyAllWindows()
    cap.release()
```

5.4 試著解解看數獨

筆者參考了下列網站，做出會自動解出數獨的 Python 程式。這是在 Ubuntu 或 Debian 上運作的程式。

https://github.com/abidrahmank/OpenCV2-Python/tree/master/OpenCV_Python_Blog/sudoku_v_0.0.6

這個程式的結構是先以攝影機擷取數獨問題的影像，並將該影像以電子郵件傳送至數獨解決伺服器，就能自動得到解答。

筆者使用 crontab，定期執行**原始碼 5.6** 所示之 Python 程式「sudoku_ans.py」。請以 Ubuntu 或 Debian 安裝 mailutils 後再執行。

sudoku_ans.py 大致上可分為幾個部分。程式 A 部分檢視電子郵件是否送來了數獨問題，若沒有送來，就結束程式；若送來了問題，程式 B 部分會將 jpg 影像由電子郵件抽出。

程式 B 分為兩部分：程式 B1 負責切出 Base64 需要變換的部分；程式 B2 負責對 Base64 進行解碼並變換為影像。

程式 C 部分負責解開數獨問題，代入檔案 ans。程式 D 部分負責抽出收件人（收取數獨問題的地址）。

程式 E 部分負責以電子郵件將解答檔 ans 送出。

▼**原始碼 5.6** sudoku_ans.py

```
# A-part
import os,re,commands
import base64
import pexpect,os
p=pexpect.spawn('mail')
i=p.expect(['No mail','&'])
if i==0:
 p.kill(0)
 os._exit(0)
elif i==1:
 p.sendline('s /tmp/text.txt')
 p.expect('&')
 p.sendline('q')
f=open('/tmp/text.txt','r')
# B-part
j=0
for i in f:
 m=re.search("base64",i)
 if m:
  break
 j=j+1
f=open('/tmp/text.txt','r')
d=f.readlines()
del d[len(d)-2:len(d)]
del d[0:j+3]
f=open('/tmp/t.zip','w')
f.writelines(d)
f.close()
f=open('/tmp/t.zip','r')
d=f.read()
```

```
  fig=base64.b64decode(d)
  f=open('/tmp/test.jpg','w')
  f.write(fig)
  f.close()
  # C-part
  p=commands.getoutput('cd ~/sudoku;python -i ./sudoku.py')
  print p
  f=open('ans','w')
  f.writelines(p)
  f.close()
  # D-part
  f=open('/tmp/text.txt','r')
  lines=f.readlines()
  for i in lines:
   m=re.search('From',i)
   if m:
    p=i
    break
  t=p.split(' ')[1]
  # E-part
  cmd='echo|mutt -a ans -- '+t
  commands.getoutput(cmd)
  commands.getoutput('rm ans /tmp/text.txt /tmp/t.zip \
      /tmp/test.jpg')
  os._exit(0)
```

筆者在程式 A 部分用了 pexpect 功能。一邊與電子郵件系統（命令列 mail）對話，一邊查詢是否有新的電子郵件送到。i=p.expect（['No mail','&']）的意思是，若沒有新的電子郵件送到，就會回覆 'No mail'。若有則顯示 '&'。

以 p.sendline（'s/tmp/text.txt'）將電子郵件訊息全部保存在 /tmp/text.

程式 B 部分用 m=re.search（"base64",i） 查詢電子郵件訊息中的 base64 出現在第幾行，並於變數 j 中代入行碼。它會從後面開始將電子郵件中不需要的行列刪除。還會將抽出的 base64 檔案保存在 /tmp/t.zip。如果是用 Debian 的話，直接用下面的設定即可。但是如果是用 Ubuntu 的話，請將 -2 變更為 -4，將 +3 變更為 +4。另外依所使用 mail 系統的不同，會需要做一些改變，請自行調整。基本上，這就只是把 base64 檔案切出來而已。

```
deld[len（d）-2:len
（d）]deld[0:j+3]
```

程式 C 部分是使用 sudoku.py 來解開數獨問題。結果會寫入解答檔 ans。

程式 D 部分是使用 re.search（pattern,string）函數與 split（）函數，抽出收件人。

最後，程式 E 部分是使用電子郵件指令 mutt 來將解答（ans 檔案）以電子郵件送給收件人。另外會將過程中所使用的檔案（ans、/tmp/text.txt、/tmp/test.jpg、/tmp/t.zip）全部刪除。

如果是使用 NTT Plala Inc. 的服務，那麼在 /etc/postfix/main.cf 設定中較重要的部分為以下 4 行。

```
myhostname = localhost
myorigin =/ etc/hostname      ←#/etc/hostname 與 myhostname 設為相同
mydestination = 自己的伺服器的網域名,localhost.localdomain,localhost
relayhost = [mmr.plala.or.jp]          ←筆者的設定是 sea.mail.plala.or.jp
```

伺服器網域設定的方法會在 6.1 節「使用 freeDNS 的免費動態 DNS」中詳細說明。

需要用到的全部檔案可從以下來源下載後，使用 Ubuntu 或 Debian 來執行。

```
$ wget $take/sudoku.tar
$ tar xvf sudoku.tar
```

5.5 試著分析不可思議的色彩

現在有一種不可思議的洋裝蔚為話題，那就是它們的顏色會因觀者而異。有些人看它是金色，有些人看它是白色；有些人看它是黑色，有些人看它是藍色。專家們就此發表了許多「深奧的學問」，我們就來看看這是不是真的吧！下列網站可以找到這種洋裝的照片。請將下載的檔案重新命名為 dress.jpg 後，再執行指令。

http://www.independent.co.uk/incoming/article10074238.ece/alternates/w460/TheDress3.jpg

筆者準備了解析所需要的程式。Python 程式「hue.py」如**原始碼 5.7** 所示。

▼原始碼 5.7　hue.py

```
import cv2,os
import numpy as np
from matplotlib import pyplot as plt
img = cv2.imread('dress.jpg')
hsv = cv2.cvtColor(img,cv2.COLOR_BGR2HSV)
hue=hsv.flatten()
h=s=b=[]
for i in range(len(hue)/3):
  h.append(hue[i*3])
  s.append(hue[i*3+1])
  b.append(hue[i*3+2])
plt.subplot(1,3,1)
plt.hist(h,bins=256,range=(0.0,256.0),histtype='stepfilled', \
    color='r', label='Hue')
plt.subplot(1,3,2)
plt.hist(s,bins=256,range=(0.0,256.0),histtype='stepfilled', \
    color='r',label='saturation')
plt.subplot(1,3,3)
plt.hist(b,bins=256,range=(0.0,256.0),histtype='stepfilled', \
    color='r',label='brightness')
cv2.imshow("dress",img)
plt.show()
os._exit(0)
```

分析結果分為「藍黑色派」與「白金色派」，如圖 5.1 所示。

圖 5.1　不可思議的洋裝的分析結果

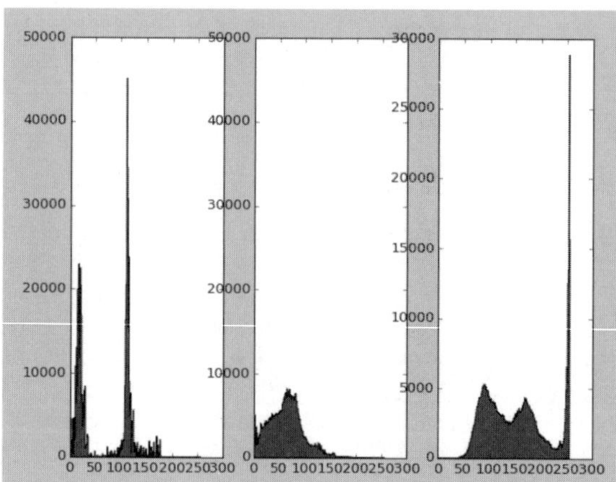

圖 5.1 的左圖為 hue（色相），中間的圖為 saturation（彩度），右圖為 brightness（亮度）。各自的縱軸表示強度。

如左圖 hue 光譜所示，黃色（看起來是金色）與藍色光譜很強。另外從右邊的亮度圖可以看出最高亮度（255）。也就是說，對亮度較敏感的人會比較看得到藍色與白色的光亮。看起來是黑色的部分中含有黃色的成分，對亮度較不敏感的人，看起來會是黑色，而黃色的成分看起來則會是金色。看起來是藍色（白色）的部分的分析結果如**圖 5.2** 所示。另外，看起來是黑色（金色）的部分的分析結果如**圖 5.3** 所示。

事實上，因為人類會由大腦來解釋眼睛收到的資訊，而所有人的大腦都不同，所以就算是同樣的東西，大家看到的東西也都會不一樣。腦科學目前正是受到注目的領域，但是也幾乎是完全未知的研究領域。

圖 5.2　看起來是藍色（白色）的部分的分析結果

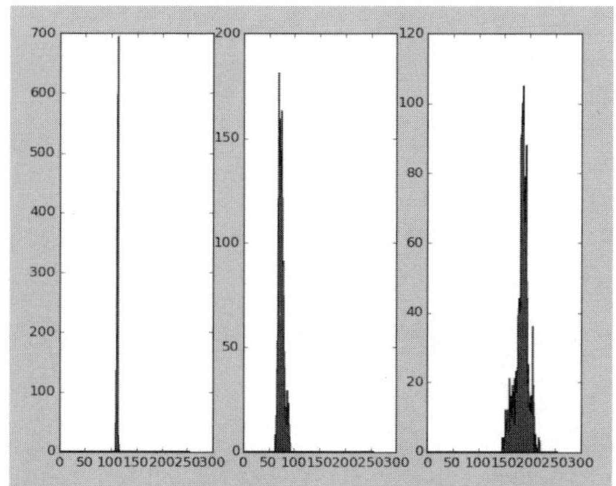

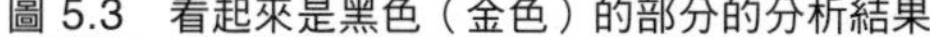

圖 5.3　看起來是黑色（金色）的部分的分析結果

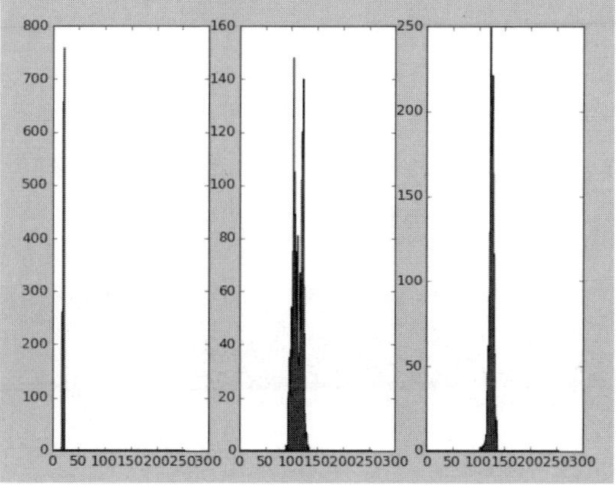

5.6 模板匹配

所謂模板匹配（template matching），是指從所提供的影像中找出模板影像的手法。這裡以梅西（Messi）的臉部作為模板影像「messi_face.jpg」。從提供的影像 img.jpg 中檢測出梅西臉部的程式「messi.py」如**原始碼** 5.8 所示。

▼原始碼 5.8　模板匹配算法（messi.py）

```
import cv2
import numpy as np
from matplotlib import pyplot as plt
img = cv2.imread('img.jpg',0)
img2 = img.copy()
template = cv2.imread('messi_face.jpg',0)
w, h = template.shape[::-1]
res = cv2.matchTemplate(img,template,cv2.TM_SQDIFF)
min_val, max_val, min_loc, max_loc = cv2.minMaxLoc(res)
top_left = min_loc
bottom_right = (top_left[0] + w, top_left[1] + h)
cv2.rectangle(img,top_left,bottom_right,255,2)
plt.subplot(121),plt.imshow(res,cmap = 'gray')
plt.title('Matching Result'), plt.xticks([]), plt.yticks([])
plt.subplot(122),plt.imshow(img,cmap='gray')
plt.title('Detected Point'), plt.xticks([]), plt.yticks([])
plt.show()
```

cv2.rectangle(img,top_left,bottom_right,255,2) 是指用方框框出從 img.jpg 檔案檢測出的梅西臉部。

臉部辨識是用 res=cv2.matchTemplate(img,template,cv2.TM_SQDIFF) 來執行。模板匹配中有 6 個影像比對方法（cv2.TM_CCOEFF、cv2.TM_CCOEFF_NORMED、cv2.TM_CCORR、cv2.TM_CCORR_NORMED、cv2.TM_SQDIFF、cv2.TM_SQDIFF_NORMED）。這裡使用的是 cv2.TM_SQDIFF。請用以下指令下載所需檔案並自己實驗看看。

```
$ wget $take/messi_matchTemplate.tar
$ tar xvf messi_matchTemplate.tar
$ cd messi
```

執行以下指令，就會顯示模板匹配的結果（圖 5.4）。

```
$ python messi.py
```

圖 5.4　模板匹配的結果
（加工前影像出處：Danilo Borges/ja.wikipedia.org/wiki/ リオネル・メッシ的頁面）

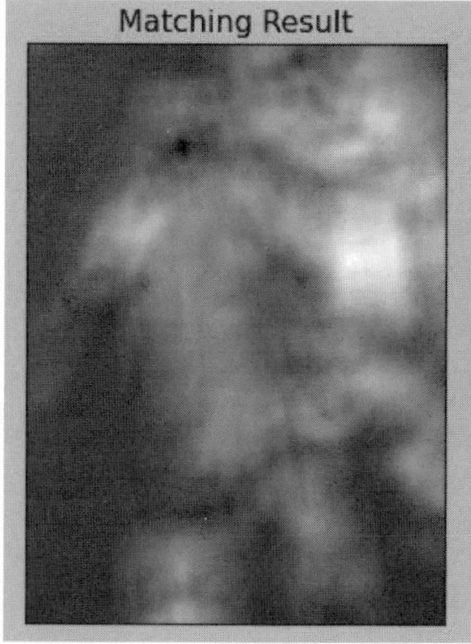

5.7 利用 Bag of Features 做影像學習與分類器

OpenCV 程式館有 2 種抽出特徵點（Keypoints）與特徵描述（Descriptors）的算法。分別是 SIFT（Scale-Invariant Feature Transform）與 SURF（Speeded Up Robust Features）。

http://alfredplpl.hatenablog.com/entry/2013/10/17/171048

請參考以上程式，使用以下指令下載 k-means 手法與 Gaussian Mixture Models（GMM）手法等 2 個程式[†1]。

```
$ wget $take/bofGMM.py
$ wget $take/bofKM.py
```

請用以下指令下載要使用於學習的影像。

† 1　此處下載的檔案中含有尺寸較大的檔案。以虛擬機器 Ubuntu、Debian 執行時，請下載至 Windows 的共享資料夾再解壓縮。

```
$ wget http://www.vision.caltech.edu/Image_Datasets/Caltech101
/101_ObjectCategories.tar.gz
$ tar xvf 101_ObjectCategories.tar.gz
```

這個影像資料庫中包含有 102 種影像。

「Bag of Words」模型只用來表現句子中登場的單詞的出現頻率，因此會逸失句子的文法及語順等資訊。將「Bag of Words」模型應用於影像處理的是「Bag of Features」模型。

對一張影像使用 SIFT 的算法中，會將 SIFT 特徵描述元「128 次元向量」視為單詞，並從多張影像抽出特徵向量群，進行集群分析。

具體來說，SIFT 的特徵描述元會以直方圖來表現其特徵，所以會無視物體的位置資訊，只用由目標分類形成的前景區域來敘述特徵值，藉以提升精確度。

原始碼 5.9 所示為 bofGMM.py。

▼原始碼 5.9　bofGMM.py

```
# -*- coding: utf-8 -*-
import cv2,os
import numpy as np
from sklearn import svm,mixture,preprocessing,cross_validation
class GMM:
    codebookSize=15
    classifier=None
    def __init__(self, codebookSize):
        self.codebookSize=codebookSize
    def train(self,features):
        gmm = mixture.GMM(n_components=15)
        self.classifier = gmm.fit(features)
    def makeHistogram(self, feature):
        histogram=np.zeros(self.codebookSize)
        if self.classifier==None :
            raise Exception( "You need train this instance." )
        results=self.classifier.predict(feature)
        for idx in results:
            idx=int(idx)
            histogram[idx]=histogram[idx]+1
        histogram=preprocessing.normalize([histogram], norm=' l2' )
[0]
        return histogram
def loadImages(path):
    import os
    imagePathes=map(lambda a:os.path.join(path,a),os.
listdir(path))
```

```
        images=map(cv2.imread,imagePathes)
        return(images)
    def extractDescriptors(images,method):
        detector = cv2.FeatureDetector_create(method)
        extractor = cv2.DescriptorExtractor_create(method)
        keypoints=map(detector.detect,images)
        descriptors=map(lambda a,b:extractor.compute(a,b)[1],images, \
            keypoints)
        return(descriptors)
    c=raw_input( "no.of clusters= ")
    print "BoF processing..."
    images={}
    path=' ./101_ObjectCategories/'
    img1=' camera'
    img2=' cellphone'
    images[img1]=loadImages(path+img1)
    images[img2]=loadImages(path+img2)
    features={}
    features[img1]=extractDescriptors(images[img1],method=" SIFT" )
    features[img2]=extractDescriptors(images[img2],method=" SIFT" )
    features[ "all" ]=np.vstack(np.
    append(features[img1],features[img2]))
    labels=np.
    append([img1]*len(images[img1]),[img2]*len(images[img2]))
    codebookSize=int(c)
    bof=GMM(codebookSize)
    bof.train(features[ "all" ])
    hist={}
    hist[img1]=map(lambda a:bof.makeHistogram(np.matrix(a)), \
        features[img1])
    hist[img2]=map(lambda a:bof.makeHistogram(np.matrix(a)), \
        features[img2])
    hist[ "all" ]=np.vstack(np.vstack([hist[img1],hist[img2]]))
    classifier=svm.SVC(kernel=' linear' )
    scores=cross_validation.cross_val_score(classifier,hist[ "all" ], \
        labels,cv=5)
    score=np.mean(scores)*100
    print( "Ave. score:%.2f[%%]" %(score))
    os._exit(0)
```

Python 程式 bofGMM.py 會讀取畫像，並以 OpenCV 程式館抽出 keypoints 與 descriptors。接下來以 GMM 手法對 codebooksize（集群數）進行特徵向量的集群分析，將集群分析過的影像的特徵向量變換為直方圖。變換後的直方圖會用支援向量機（support vector machine）「svm.SVC」，以 scikit-learn 的 cross_validation 來計算平均辨識率。請各位用以下指令自行實驗看看。

```
$ python -i bofGMM.py
no.of clusters= 157     ←輸入集群數
BoF processing...
Ave. score:77.79[%]
```

原始碼 5.10 所示為 bofKM.py。

▼原始碼 5.10　bofKM.py

```
# -*- coding: utf-8 -*-
import cv2,os
import numpy as np
from sklearn import svm,mixture,preprocessing,cross_validation
import numpy as np
class KM:
    codebookSize=0
    classifier=None
    def __init__(self, codebookSize):
        self.codebookSize=codebookSize
        self.classifier=cv2.KNearest()
    def train(self,features,iterMax=100,term_crit = \
            ( cv2.TERM_CRITERIA_EPS | \
              cv2.TERM_CRITERIA_COUNT, 10, 1 )):
        retval, bestLabels, codebook=cv2.kmeans( \
            features,self.codebookSize,term_crit,iterMax, \
            cv2.KMEANS_RANDOM_CENTERS)
        self.classifier.train(codebook,np.array( \
            range(self.codebookSize)))
    def makeHistogram(self, feature):
        histogram=np.zeros(self.codebookSize)
        if self.classifier==None :
            raise Exception( "You need train this instance." )
        retval, results, neighborResponses, \
            dists=self.classifier.find_nearest(feature,1)
        for idx in results:
            idx=int(idx)
            histogram[idx]=histogram[idx]+1
        histogram=cv2.normalize(histogram,norm_type=cv2.NORM_L2)
        #transpose
        histogram=np.reshape(histogram,(1,-1))
        return histogram
def loadImages(path):
    import os
    imagePathes=map(lambda a:os.path.join(path,a),os.
listdir(path))
    images=map(cv2.imread,imagePathes)
    return(images)
```

```
def extractDescriptors(images,method):
    detector = cv2.FeatureDetector_create(method)
    extractor = cv2.DescriptorExtractor_create(method)
    keypoints=map(detector.detect,images)
    descriptors=map(lambda a,b:extractor.compute(a,b)[1], \
        images,keypoints)
    return(descriptors)
c=raw_input( "no. of clusters=" )
print "BoF processing..."
images={}
path=' ./101_ObjectCategories/'
img1=' camera'
img2=' cellphone'
images[img1]=loadImages(path+img1)
images[img2]=loadImages(path+img2)
features={}
features[img1]=extractDescriptors(images[img1],method=" SIFT" )
features[img2]=extractDescriptors(images[img2],method=" SIFT" )
features[ "all" ]=np.vstack(np.
append(features[img1],features[img2]))
labels=np.
append([img1]*len(images[img1]),[img2]*len(images[img2]))

codebookSize=int(c)
bof=KM(codebookSize)
bof.train(features[ "all" ])
hist={}
hist[img1]=map(lambda a:bof.makeHistogram(np.matrix(a)), \
    features[img1])
hist[img2]=map(lambda a:bof.makeHistogram(np.matrix(a)), \
    features[img2])
hist[ "all" ]=np.vstack(np.vstack([hist[img1],hist[img2]]))
classifier=svm.SVC(kernel=' linear' )
scores=cross_validation.cross_val_score(classifier,hist[ "all" ], \
    labels,cv=5)
score=np.mean(scores)*100
print( "Ave. score:%.2f[%%]" %(score))
os._exit(0)
```

以 Python 程式「bofKM.py」讀取畫像，並以 OpenCV 程式館抽出 keypoints 與 descriptors。接下來，以 k-means 手法對 codebooksize（集群數）進行特徵向量的集群分析。

```
$ python -i bofKM.py
no. of clusters=157
BoF processing...
Ave. score:84.33[%]
```

Chapter 6
使用 Python 來靈活運用雲端

本章要教大家使用 freeDNS 服務進行電子郵件收發，或是依網域名提供網路存取服務。這是只用 IP 無法簡單做到的。

6.1 freeDNS 的運用

這一節為各位介紹在 Raspberry Pi2 的 IP 變更時也可以用同樣的 Web 位址來存取的方法，藉由 freeDNS 利用 dynamicDNS 可以做到。

```
http://freedns.afraid.org/
```

進入上列網址，SignUp 登入。會員登入後，點擊左側選單的「Registry」，就會出現可以自由使用的 Domain Registry。在「Search」中輸入「.jp」，就會顯示 .jp 的 Domain Registry。舉例來說，點擊「zsh.jp」，並在「Subdomain」輸入「takefuji」，在「Wildcard」勾選「Enable」，就會連結 takefuji.zsh.jp 與現在的 IP（121.119.99.194），再點擊「Save!」鍵的話，就會自動登錄了。也就是說，此時如果去查 takefuji.zsh.jp 的 IP，就會查到 IP=121.119.99.194。

```
$ ping takefuji.zsh.jp
向takefuji.zsh.jp [121.119.99.194]送出ping 32 位元的資料:
121.119.99.194 的回答: 位元數=32 小時=1ms TTL=64
…
```

freedns.py 如**原始碼 6.1** 所示。

圖 6.1　freeDNS 的 Subdomain 的設定畫面

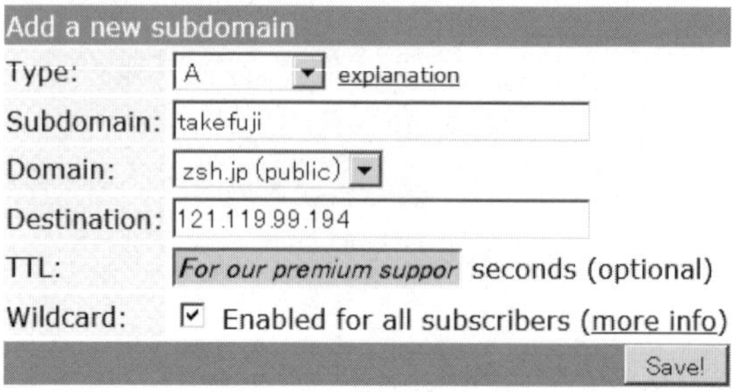

Add a new subdomain
Type: A explanation
Subdomain: takefuji
Domain: zsh.jp (public)
Destination: 121.119.99.194
TTL: For our premium suppor seconds (optional)
Wildcard: ☑ Enabled for all subscribers (more info)
Save!

▼原始碼 6.1　freedns.py
（https://raw.githubusercontent.com/dnoegel/freedns/master/freedns.py）

```
#!/usr/bin/env python2
# coding:utf-8
USERNAME = “your_name”
PASSWORD = “your_passwd”
UPDATE_DOMAINS = [ “your_domain” , ]
from hashlib import sha1
import urllib2
import datetime
import os
API_URL = \
    “https://freedns.afraid.org/
api/?action=getdyndns&sha={sha1hash}”
def get_sha1(username, password):
    return sha1( “{0}|{1}” .format(username, password)).hexdigest()
def read_url(url):
    try:
        return urllib2.urlopen(url).read()
    except (urllib2.URLError, urllib2.HTTPError) as inst:
        return “ERROR: {0}” .format(inst)
if __name__ == “__main__” :
    shahash = get_sha1(USERNAME, PASSWORD)
    url = API_URL.format(sha1hash=shahash)
    with open(os.path.expanduser( “~/.freedns_log” ), “a” ) as fh:
        result = read_url(url)
        domains = []
        if result.startswith( “ERROR” ):
            print result
        else:
            for line in result.splitlines():
                service, ip, update_url = line.split( “|” )
                domains.append(line.split( “|” ))
                if service.strip() in UPDATE_DOMAINS or \
```

```
    "ALL" in UPDATE_DOMAINS:
result = read_url(update_url.strip())
print "Updating {0}" .format(service),
print result
fh.write(datetime.datetime.now().\
    strftime( "%Y-%m-%d %H:%M: "))
fh.write( "Updating {0} ".format(service))
fh.write(result)
```

接下來，如果想在 IP 改變時還可以用同樣的網域名存取，那就必需能夠辨識 IP 的變化，並自動重新登錄網域名。

從 Ubuntu 的 Terminal 使用 crontab 功能，以每 5 分鐘一次的頻率定期啟動 `freedns.py` 的話，就可以自動變更。

```
$ sudo su
# crontab -e
```

因為會打開新的畫面，所以請輸入下方的那一行程式。以每 5 分鐘一次的頻率執行 `freedns.py`，若出現新的 IP，就使用 DynamiDNS 的功能重新登錄。

```
0-59/5****Python/home/your_name/freedns.py
```

6.2 雲端 Dropbox 的運用

Dropbox 是一種可以免費使用的雲端服務。Dropbox 有 2 種使用方法。一個方法是進行 App 認證與登錄。還有一種方法是下載 `DropboxInstaller.exe` 並安裝進系統，把雲端的 Dropbox 掛載在系統（Windows 或 Raspberry Pi2）上。後者非常地簡單。

（1） 進行 App 認證與登錄來運用 Dropbox 的方法

1. `https://www.dropbox.com/login`
   在上面網址創建一個新帳號。已經有帳號的人，就直接用已有的帳號即可。登入帳號後，進入下列網站。
   `https://www.dropbox.com/developers/apps`
2. 點擊「Create app」鍵。
3. 選擇「Dropbox API app」及「Files and datastores」。
4. App 的 limited 要選「No」或是「Yes」都可以。選「No」的話，請選擇「All file types」。
5. 想一個特殊的 App 名稱（舉例來說：uuu）輸入。點選「I agree to...」，按下「Create app」，就會出現「App key」與「App secret」。把「App key」與「App secret」記下來。
6. 接下來，執行下列指令。

```
$ apt-get install git-core     ←Raspberry Pi2上的指令
```

如果是用 Windows，就從 Cygwin 安裝 git[†1]。接著執行下列指令。

```
$ git clone https://github.com/andreafabrizi/Dropbox-Uploader.git
$ cd Dropbox-Uploader/
$ ./dropbox_uploader.sh
```

稍等一會兒，系統會要求輸入 App key 與 App secret。請輸入剛才記下來的 App key 與 App secret。

† 1 結束 Cygwin 並啟動 Cygwin Setup 後，利用對話框「Search」搜尋並安裝「git」與「curl」。

畫面上會出現如下的 oauth_token 網站資訊。複製該網站資訊，貼在瀏覽器位址欄。

https://www.dropbox.com/1/oauth/authorize ? oauth_token=xxxx

瀏覽器會顯示要求對保存於 Dropbox 的應用程式進行存取，請點擊「許可」。

回到終端，按「Enter」鍵就完成設定了。

把想上傳的檔案「up_file」放在這個目錄後，執行下列指令。

如此一來，up_file 就會被上傳至 Dropbox 的「應用程式」資料夾中的「uuu」資料夾。

（2） 使用 DropboxInstaller.exe 的方法

請在 Windows 上以下列關鍵字搜尋並下載檔案。

dropbox windows

https://www.dropbox.com/downloading

連擊兩下 DropboxInstaller.exe，將其安裝至 Windows。安裝好了之後，雲端 Dropbox 資料夾會掛載在 Windows 桌面（也可以移動到別的地方）。掛載好了之後，使用方法就跟 Windows 資料夾一樣，不需要上傳與下載的程式館。只要把檔案放在 Windows 的 Dropbox 資料夾，就會自動放到 Dropbox 的雲端，做好共享設定，擁有共享許可的人就可以簡單地存取檔案。

6.3 Google 雲端硬碟的運用

6.3.1 存取 Google 雲端硬碟

使用 Python 程式館會比較容易對 Google 雲端硬碟檔案夾進行存取。不管是用 Cygwin 還是 Raspberry Pi2 都可以動作。接下來介紹對 Google 雲端硬碟檔案夾進行檔案上傳（gupload.py）與檔案下載（gspdown.py）的 Python 程式。Google 的規格與筆者寫作本書時有些許改變。現在需要 6.3.2 所示的 OAuth 2.0 認證，因此 gupload.py 與 gspdown.py 已經不會運作了。但是作為參考仍然將兩者的原始碼列出。

登入 Google，點擊您的帳號。在「帳號資訊」的「登入與安全性」－「已連接的應用程式與網站」選擇「允許低安全性應用程式存取您的帳號」。

請用以下指令安裝 gdata 程式館。

```
# pip install gdata
```

gupload.py 如**原始碼 6.2** 所示。

```
$ wget $take/gupload.py
```

▼原始碼 6.2　gupload.py

```
import gdata.docs.data
import gdata.docs.client
import os
filePath =raw_input('enter file name: ')
client = gdata.docs.client.DocsClient(source='txt')
client.api_version = "3"
client.ssl = True
client.ClientLogin("your_name@gmail.com", "your_password", \
    client.source)
newResource = gdata.docs.data.Resource(filePath, filePath)
media = gdata.data.MediaSource()
media.SetFileHandle(filePath, 'mime/type')
newDocument = client.CreateResource(newResource, \
    create_uri=gdata.docs.client.RESOURCE_UPLOAD_URI, \
    media=media)
os._exit(0)
```

執行以下指令，系統會要求輸入檔名。

```
$ python -i gupload.py
enter file name: gupload.py
```

請登入 Google 雲端硬碟，確認 gupload.py 檔案是否上傳成功。
從 Google 雲端硬碟下載檔案時，需要檔案的存取金鑰。
以下載在 3.5 節說明過的 Google 試算表為例。
打開 Google 試算表，瀏覽器會顯示位址。

https://docs.google.com/spreadsheets/d/**accesskey**/edit#gid=0

在 d/ 與 /edit 中間的字串就是「存取金鑰（Access Key）」。請設定好**原始碼 6.3** 中的 your_access_key、your_name@gmail.com、your_password、file_path。

```
$ wget $take/gspdown.py
```

▼原始碼 6.3　gspdown.py

```
import gdata.docs.service,os
import gdata.spreadsheet.service
key = 'your_access_key'
email="your_name@gmail.com"
password="your_password"
gd_client = gdata.docs.service.DocsService()
gd_client.ClientLogin(email,password)
spreadsheets_client = \
    gdata.spreadsheet.service.SpreadsheetsService()
spreadsheets_client.ClientLogin(email,password)
uri = \
'http://docs.google.com/feeds/documents/private/full/%s'%key
entry = gd_client.GetDocumentListEntry(uri)
file_path = 'test'
docs_token = gd_client.auth_token
gd_client.SetClientLoginToken( \
    spreadsheets_client.GetClientLoginToken())
gd_client.Export(entry, file_path)
gd_client.auth_token = docs_token
os._exit(0)
```

請執行下列程式，此時將下載好的檔案名稱 test 變更為檔名 test.xls，即可用 Windows 的應用程式開啟。

```
$ python gspdown.py
```

6.3.2 Google 雲端硬碟的 OAuth 2.0 認證

從 2015 年 4 月開始，Google 雲端硬碟的存取需要 OAuth 2.0 認證。以下說明經由 OAuth 2.0 認證上傳檔案的案例。首先要安裝 pydrive。pydrive 是可以簡單進行 OAuth 2.0 認證的程式館。

```
$ sudo pip install pydrive
```

接下來，進入下列網址，創建新專案。

https://console.developers.google.com/project

選擇「API 與驗證」，點擊「認證資訊」。點擊「新增用戶端 ID」鍵，會顯示新的畫面，請選擇「網路應用程式」，然後點擊「設定同意畫面」。

在「同意畫面」設定「電子郵件位址」，輸入「產品名稱」後，點擊「保存」。接下來會再次自動回到「建立用戶端 ID」。請在「已授權的 JAVASCRIPT 來源」中加入下列文字。

http://localhost:8080/

確認「已授權的重新導向 URI」中，是否已追加下列文字。

http://localhost:8080/oauth2callback

再點擊一次「建立用戶端 ID」，即可完成 Google 上的 OAuth 2.0 認證設定。

點擊「下載 JSON」，將 json 檔案下載至電腦中。請將下載的 json 檔名變更為 client_secrets.json。

```
$ mv xxxx.json client_secrets.json
```

經由 OAuth 2.0 認證的檔案上傳程式「oauth2_upload.py」如原始碼 6.4 所示。

```
$ wget $take/oauth2_upload.py
```

▼原始碼 6.4　oauth2_upload.py

```
from pydrive.auth import GoogleAuth
from pydrive.drive import GoogleDrive
import os
gauth = GoogleAuth()
gauth.LoadCredentialsFile("mycreds.txt")
gauth.LocalWebserverAuth()
drive = GoogleDrive(gauth)
file=drive.CreateFile()
name=raw_input('file name? ')
file.SetContentFile(name)
file.Upload()
gauth.SaveCredentialsFile("mycreds.txt")
os._exit(0)
```

當想要把檔案上傳至 Google 雲端硬碟時，請執行以下程式。

```
$ python -i oauth2_upload.py
```

此時會跳出 OAuth 2.0 認證畫面，請按「允許」鍵，會出現下列文字[† 2]。

Authentication successful.（依各位所使用的環境，可能也會出現日文）

從下一次上傳開始，就不會再出現「允許」鍵的畫面了。

```
file name?
```

在以上程式中輸入檔名，各位所指定的檔案就會被上傳至 Google 雲端硬碟。能夠從 Google 雲端硬碟經由 OAuth 2.0 認證下載檔案的程式「oauth2_down.py」如**原始碼 6.5** 所示。

```
$ wget $take/oauth2_down.py
```

† 2　原始碼 6.4 等代碼中的「mycreds.txt」為自動生成，被稱為 token file，有效時間只有 1 小時。

▼原始碼 6.5　oauth2_down.py

```
from pydrive.auth import GoogleAuth
from pydrive.drive import GoogleDrive
import os,re
gauth = GoogleAuth()
gauth.LoadCredentialsFile("mycreds.txt")
gauth.LocalWebserverAuth()
drive = GoogleDrive(gauth)
if gauth.credentials is None:
    gauth.LocalWebserverAuth()
elif gauth.access_token_expired:
    gauth.Refresh()
else:
    gauth.Authorize()
gauth.SaveCredentialsFile("mycreds.txt")
file=drive.CreateFile()
name=raw_input('file name? ')
file['title']=name
file_list = \
    drive.ListFile({'q': "'root' in parents"}).GetList()
for i in file_list:
  m=re.search(name,i['title'])
  if m:id=i['id']
file['id']=id
file.GetContentFile(name)
os._exit(0)
```

請用以下指令來執行。

```
$ python -i oauth2_down.py
file name?
```

在以上指令中輸入想要下載的檔名，即會將該檔案下載至電腦。

最後介紹會顯示 Google 雲端硬碟檔案列表的程式「oauth2_list.py」。如**原始碼 6.6** 所示。

```
$ wget $take/oauth2_list.py
```

▼原始碼 6.6　oauth2_list.py

```
from pydrive.auth import GoogleAuth
from pydrive.drive import GoogleDrive
import os
```

```
gauth = GoogleAuth()
gauth.LoadCredentialsFile("mycreds.txt")
gauth.LocalWebserverAuth()
drive = GoogleDrive(gauth)
file_list = \
    drive.ListFile({'q': "'root' in parents"}).GetList()
for file1 in file_list:
  print 'title: %s, id: %s' % (file1['title'], file1['id'])
gauth.SaveCredentialsFile("mycreds.txt")
os._exit(0)
```

執行以下指令，即會顯示 Google 雲端硬碟上的檔名與資料夾資訊。

6.3.3 追加刪除功能至 pydrive 程式館

pydrive 程式館並沒有刪除的功能，所以筆者想自己追加刪除功能。

這需要變更位於 Windows 的 Python 安裝資料夾中的 pydrive 資料夾內的 files.py。

```
C:Python27/Lib/site-packages/pydrive/files.py
```

請在上述程式的最後一行追加下列 5 行程式。輸入時請注意縮排。

```
def DeleteFile(self,file_id):
   try:
       self.auth.service.files().delete(fileId=file_id).execute()
   except errors.HttpError, error:
       print 'An error occurred: %s' % error
```

系統在執行以下指令的同時，會編譯 files.py，然後生成 files.pyc。

為了能夠對 files.py 進行存取，需要變更檔案屬性。

如果是用 Cygwin 的話，如下。

```
$ cd /cygdrive/c/Python27/Lib/site-packages/pydrive
$ chmod 755 files.py
```

如果是用 Ubuntu 的話，如下。

```
$ cd /usr/local/lib/python2.7/dist-packages/pydrive
$ chmod 755 files.py
```

製作 help.py 檔案，以 py_compile 編譯，生成 files.pyc。

```
$ cat help.py
import py_compile
py_compile.compile("files.py")
```

為了在失敗的時候可以回到原樣，要變更現在的 filles.pyc 名。

```
$ mv files.pyc temp.pyc
```

請用以下指令生成 files.pyc。

```
$ python help.py
```

若是執行以下指令能夠確認 files.pyc，那就成功了。

```
$ ls files.pyc
files.pyc
```

原始碼 6.7 所示為 Google 雲端硬碟的檔案刪除程式「oauth2 _ delete.py」。

```
$ wget $take/oauth2_delete.py
```

▼原始碼 6.7　oauth2_delete.py

```
from pydrive.auth import GoogleAuth
from pydrive.drive import GoogleDrive
import os,re
gauth = GoogleAuth()
gauth.LoadCredentialsFile("mycreds.txt")
gauth.LocalWebserverAuth()
drive = GoogleDrive(gauth)
if gauth.credentials is None:
    gauth.LocalWebserverAuth()
elif gauth.access_token_expired:
    gauth.Refresh()
else:
    gauth.Authorize()
gauth.SaveCredentialsFile("mycreds.txt")
file=drive.CreateFile()
name=raw_input('file name? ')
file['title']=name
file_list = \
```

```
    drive.ListFile({'q': "'root' in parents"}).GetList()
for i in file_list:
  m=re.search(name,i['title'])
  if m:
   id=i['id']
file.DeleteFile(id)
os._exit(0)
```

使用方法如下。

```
$ python -i oauth2_delete.py
file name?
```

輸入檔名即可刪除檔案。

6.3.4 Google 雲端硬碟與 pydrive 的 MIME 類型不匹配

因為 Google 雲端硬碟與 pydrive 的 MIME 類型不匹配，所以原始碼 6.5 所示之 oauth2_down.py 無法順利下載試算表檔案。因此筆者自做了試算表專用的下載程式「gsdown.py」（**原始碼 6.8**）。

```
$ wget $take/gsdown.py
```

▼原始碼 6.8　gsdown.py

```
from apiclient.discovery import build
from httplib2 import Http
from oauth2client import file, client, tools
import urllib,os,re,webbrowser
CLIENT_SECRET = 'client_secrets.json'
SCOPES = ['https://www.googleapis.com/auth/drive.readonly.
metadata']
store = file.Storage('storage.json')
creds = store.get()
if not creds or creds.invalid:
    flow = client.flow_from_clientsecrets(CLIENT_SECRET, SCOPES)
    creds = tools.run(flow, store)
DRIVE = build('drive', 'v2', http=creds.authorize(Http()))
files = DRIVE.files().list().execute().get('items', [])
name=raw_input('file name? ')
i=8
for f in files:
 if f['title']==name:
  mime=f['mimeType']
```

```
     ff=str(f)
     m=re.search('exportLinks',ff)
     if m:
      url=f['exportLinks']
      i=0
      break
     m=re.search('alternateLink',ff)
     if m:
      url=f['alternateLink']
      id=f['id']
      i=1
      break
  if mime=='application/vnd.google-apps.spreadsheet':
   key='application/vnd.openxmlformats-officedocument.spreadsheetml.
  sheet'
   if i==0:url=url[key]
   elif i==1:
    webbrowser.open_new(url)
    os._exit(0)
  else:url=url[mime]
  t=urllib.URLopener()
  t.retrieve(url,name)
  os._exit(0)
```

pydrive 在 Google 雲端硬碟試算表採用的 MIME 類型辨識如下。

```
'application/vnd.google-apps.spreadsheet'
```

Google雲端硬碟的程式館「oauth2client」採用的MIME類型辨識如下。

```
'application/vnd.openxmlformats-officedocument.spreadsheetml.
sheet'
```

因此，我決定放棄 pydrive，從 OAuth 2.0 的 flow 認證著手，採用騙過 MIME 類型的方法。最初的 13 行程式是置換 pydrive 的 OAuth 2.0 認證的部分。

變數 files 中放有 Google 雲端硬碟的全部檔案資訊。首先，想下載的檔名與屬性 f['title'] 若是一致，就將該 MIME 類型保存在 mime。檔案若是公開的話，就從 exportLinks 資訊抽出檔案存取所需之 url。檔案若是非公開的話，也可以從 alternateLink 資訊得到可點閱的 url。

將從 Google Developers Console 下載的 xxx.json 檔案變更為 client_secrets.json，放在正在進行作業的資料夾中。

若是公開的試算表，就可以用 exportLinks 資訊來下載檔案。若是非公開的試算表，從 alternateLink 資訊啟動瀏覽器也可以存取試算表。

程式中所使用的變數 ff 提供了 Google 雲端硬碟的各種資訊。

Chapter 7

使用 Python 來靈活運用智慧型手機（SL4A）

Android 設備上如果安裝了 SL4A，就可以使用 Python 程式。讓我們試試看用智慧型手機來使用 IoT 吧！

7.1 SL4A 的安裝

1. 從 Google Play 安裝 SD Card Manager。
2. 用瀏覽器搜尋下列關鍵字。

   sl4a python

   下載 `sl4a _ r6.apk`，`PythonForAndroid _ r4.apk`。
3. 點擊 Android 設定，前往安全性設定，勾選允許安裝來源不明的應用程式。
4. 啟動 SD Card Manager，點擊前往 Download 資料夾。
   點擊並安裝 `sl4a_r6.apk`。同樣地安裝 `PythonForAndroid_r4.apk`。
5. Android 設備上已安裝有 PythonForAndroid 應用程式，點擊進入並按下「install」鍵，就會自動安裝程式館。
   點擊「Browse modules」，安裝 PySerial 或 PyBluez。
6. 以 USB 連接 Android 設備與電腦。
7. 點擊 Android 設備的設定，點擊開發者選項，勾選 USB 除錯。
8. 打開 SD Card Manager 的話，裡面就有 sl4a 資料夾。

把自作的 Python 程式放進 sl4a 資料夾內的 scripts 資料夾，即可執行。

舉例來說，`Sensors.py` 程式會讀取內建於 Android 設備的感測器數值。請執行以下指令，將 Python 程式下載至電腦。

```
$ wget $take/Sensors.py
```

連接電腦與 Android 設備，就會出現 Android 設備的內部儲存空間。點擊內部儲存空間，就可以看到 sl4a 資料夾，請把剛才下載的 Android 用 Python 程式拖曳過來。

點擊安裝在 Android 設備的 sl4a，啟動 sl4a。點擊 `Sensors.py`，就會顯示**圖 7.1** 的畫面。

圖 7.1　sl4a

最左邊是「執行」鍵，左邊數來第 3 個是「編輯」鍵。有時候按下「編輯」鍵會把 sl4a 關掉，只要變更檔名即可解決這個問題。

以電腦編輯 Python 程式，再把它拖曳複製到 Android 設備，這個做法比較省時。

`Sensors.py` 如**原始碼 7.1** 所示。

▼原始碼 7.1　Sensors.py

```
import android
import time
droid = android.Android()
droid.startSensingTimed(1, 500)
time.sleep(1)
print droid.readSensors().result
droid.stopSensing()
```

接下來，利用搭載於 Android 設備上的 Bluetooth 通訊，試著操作看看伺服機。這是把 3.1 節介紹的伺服機電路中所使用的 FT232RL 置換為 Bluetooth。

Python 程式 SWuni2.py 如原始碼 7.2 所示，操作畫面如**圖 7.2** 所示。

Android 設備點擊執行 SWuni2.py，會出現滑動條（slide bar）；移動滑動條，按下「OK」鍵，即可在 0 至 180 度區間控制伺服機。IoT 裝置的韌體則與 3.1 節的一樣。

原始碼 7.2 的 SWuni2.py 程式中有 Bluetooth 的設定，Bluetooth 裡面包含有下列萬能 uuid。

```
uuid='00001101-0000-1000-8000-00805F9B34FB'
```

請用以下指令下載 SWuni2.py。

```
$ wget $take/SWuni2.py
```

▼原始碼 7.2　SWuni2.py

```
import sys
import time
import android
import gdata.spreadsheet.service
a = android.Android()
uuid = '00001101-0000-1000-8000-00805F9B34FB'

print "connect client bt"
time.sleep(0.3)
ret = a.bluetoothConnect( uuid ).result
if not ret:
    a.makeToast( "bt not connected" )
    sys.exit( 0 )
print "start..."
while True:
    a.dialogCreateSeekBar(1,180," ","Cloud SW")
    a.dialogSetPositiveButtonText("OK")
    a.dialogSetNegativeButtonText("Cancel")
    a.dialogShow()
    r=a.dialogGetResponse()
    if r.result["which"] == "positive":
        num=r.result["progress"]
        a.bluetoothWrite(str(num)+"\r\n")
        a.dialogShow()
        time.sleep(0.3)
    elif items[r.result["item"]]=="negative":
        break
a.dialogDismiss()
```

圖 7.3 為伺服機 IoT 裝置的電路圖。初次與 Bluetooth 連接時，會要求輸入 PIN 碼，一般來說輸入 1234 即可。Bluetooth 可以自行取名。請連接 Bluetooth 的 TXD 與 ATmega328P 的 RXD，連接 Bluetooth 的 RXD 與 ATmega328P 的 TXD。大多數的 Bluetooth 都可以用以下指令變更名稱。

圖 7.2 Android 設備上的 Python 程式「SWuni2.py」

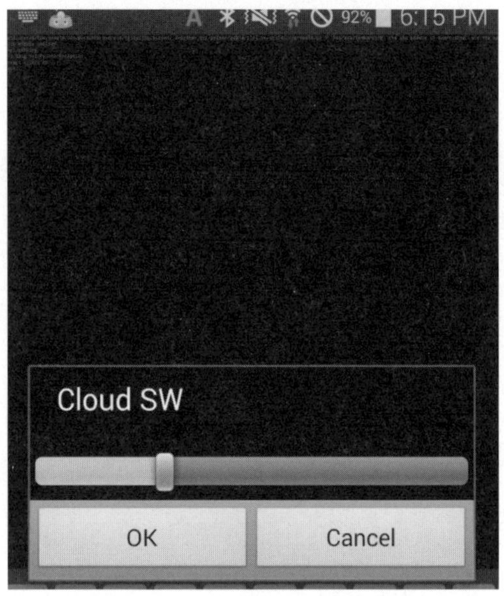

圖 7.3 Bluetooth 通訊的伺服機電路圖

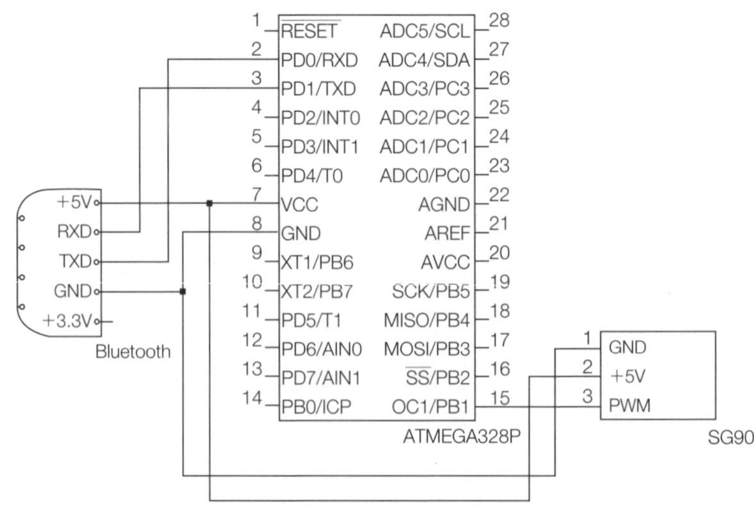

使用TeraTerm或是miniterm.py，執行下列指令。這裡是指Servo名稱。

```
AT+NAMEServo
```

7.2 Weather-station

圖 7.4 為 Weather-station 電路圖。ATmega328P 裡面有通訊用的 Bluetooth、LCD（8×2）、氣壓感測器、濕度感測器、風感測器（選配）。這裡用的是 ATmega328P-AU 晶片，請試著挑戰使用雙排直立式封裝（Dual Inline Package；DIP）晶片來製作。

圖 7.4　Weather-station IoT 裝置的電路圖

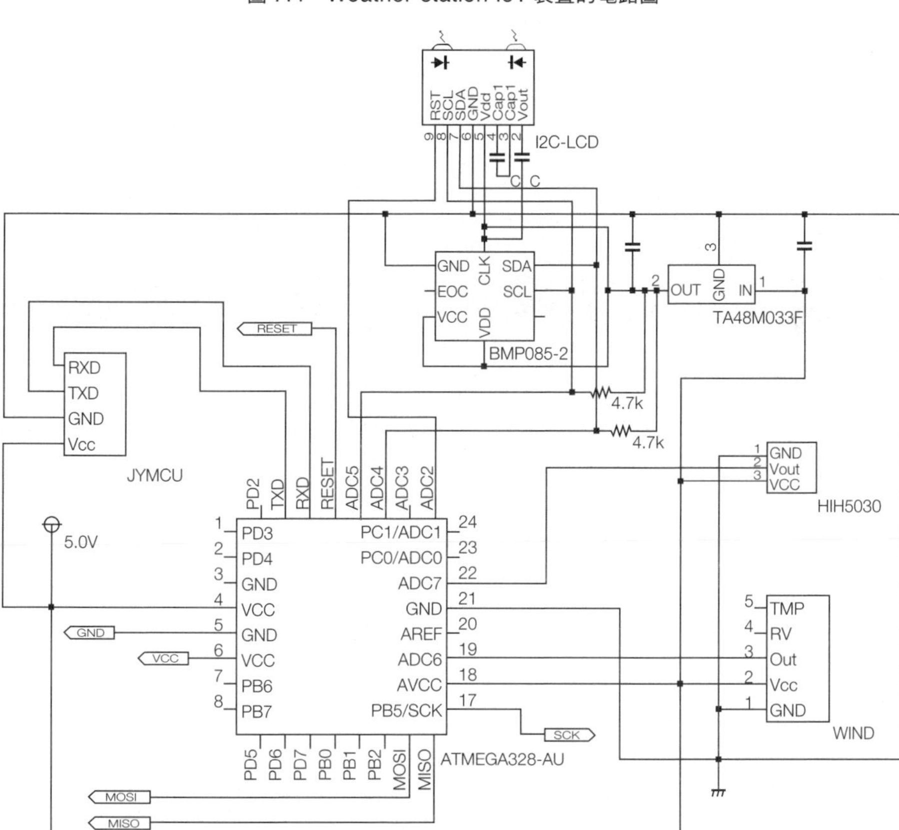

可以使用以下指令生成 IoT 韌體。

```
$ wget $take/weather_station.tar
$ tar xvf weather_station.tar
$ cd 328firmware
```

請以 make 指令生成 main.hex 檔。

```
$ make
```

LCD（8×2）為 ST7032 控制器，筆者是從秋月電子通商購得。Bluetooth 與氣壓感測器是由 AliExpress 購得。

如原始碼 7.3 所示，IoT 裝置準備有下列 4 個命令。

```
items =[ "temperature", "humidity", "pressure","exit"]
```

如圖 7.5 所示，不論按下 4 個中的哪一個按鍵，測定結果都會顯示在 IoT 裝置與 Android 設備上。結束時請按「exit」鍵。以 bluetoothWrite(“xxx”) 將字串寫入 Bluetooth，以 bluetoothRead().result 讀取。

```
$ wget $take/WS.py
```

▼原始碼 7.3　Weather-station 用的 Python 程式（WS.py）

```
# -*- coding: utf-8 -*-
import sys
import time
import android
a = android.Android()
a.startSensingTimed(1,1000)
uuid = '00001101-0000-1000-8000-00805F9B34FB'
print "connect client bt"
time.sleep(0.3)
ret = a.bluetoothConnect( uuid ).result
if not ret:
    a.makeToast( "bt not connected" )
    sys.exit( 0 )
print "start..."
while True:
    a.dialogCreateAlert("WeatherStation")
    items =[ "temperature", "humidity", "pressure","exit"]
```

```
        a.dialogSetItems(items)
        a.dialogShow()
        res = a.dialogGetResponse()
        if items[res.result["item"]]=='temperature':
            a.bluetoothWrite("t")
            time.sleep(0.7)
            data=a.bluetoothRead().result
            a.makeToast(str(data)+"degC")
            time.sleep(0.3)
        elif items[res.result["item"]]=='humidity':
            a.bluetoothWrite("h")
            time.sleep(0.7)
            data=a.bluetoothRead().result
            a.makeToast(str(data)+"%RH")
            time.sleep(0.3)
        elif items[res.result["item"]]=='pressure':
            a.bluetoothWrite("p")
            time.sleep(0.7)
            data=a.bluetoothRead().result
            a.makeToast(str(data))
            time.sleep(0.3)
        elif items[res.result["item"]]=='exit':
            break
    a.dialogDismiss()
```

圖 7.5　按下「pressure」鍵時的畫面

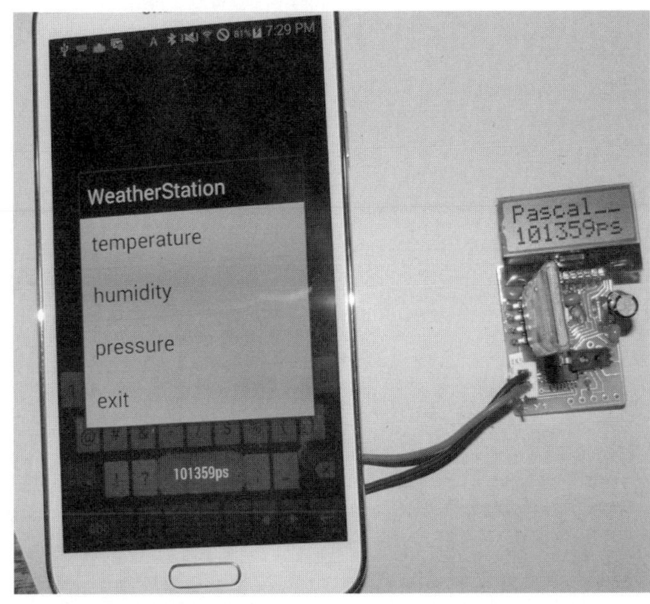

Chapter 8

3 種語音辨識（Windows、Android、Raspberry Pi2）

這裡為各位介紹 3 種語音辨識方法：第一種是從 Python 控制 Windows 的語音辨識；第二種是從 Android 設備運用 SL4A 以 Python 做控制；第三種是把開放原始碼的 Julius 語音辨識系統安裝在 Raspberry Pi2 上。

8.1 Windows 的語音辨識

在 Windows 使用 speech 程式館[†1]的話，可以只用一行程式就回覆經過語音辨識的單詞或片語。

```
phrase=speech.input（"messages",phrases）
```

如例所示，可以用語音辨識控制各種 IoT 裝置。

如**原始碼** 8.1 所示，會把事先登錄的單詞與片語放入變數 phrases，語音辨識會從 phrases 中選出單詞或片語。

在本案例中，會將經由語音辨識的單詞或片語代入變數 phrase，做為對 IoT 裝置的控制命令。此處介紹的 IoT 裝置使用了 mp3 播放器、2 個 3.3 節介紹的內建微電腦 RGB LED。另外，IoT 裝置是以 Bluetooth 與電腦進行通訊。請用以下指令下載 Python 程式「speechrecog.py」。

```
$ wget $take/speechrecog.py
```

† 1　speech 程式館是一定要安裝，不過可能也有安裝 PyWin32 程式館的必要。此時請以「Python win32com」等關鍵字搜尋，下載執行檔 pywin32-xxx.win-xxx.exe。

▼原始碼 8.1 Windows 的語音辨識控制（speechrecog.py）

```
import serial
import speech
import sys,os
import threading
phrases=['akari', 'kesu', 'music', 'motor', 'stop', 'red', \
         'rainbow', 'hidari rainbow', 'owari','fujisawa no tenki',
\
         'chizu']
s=serial.Serial(0,9600)
def rainbow_thread():
         if s.isOpen():
                s.write('i'+'\r\n')
                s.flush()
                result=s.read(s.inWaiting())
while True:
        print phrases
        phrase=speech.input("Say the name of color",phrases)
#       speech.say("You said %s" % phrase)
        print phrase
        if phrase=='akari':
         if s.isOpen():
                s.write('n'+'\r\n')
                s.flush()
                result=s.read(s.inWaiting())
        if phrase=='kesu':
         if s.isOpen():
                s.write('f'+'\r\n')
                s.flush()
                result=s.read(s.inWaiting())
        if phrase=='music' or phrase=='motor':
         if s.isOpen():
                s.write('m'+'\r\n')
                s.flush()
                result=s.read(s.inWaiting())
        if phrase=='stop':
         if s.isOpen():
                s.write('s'+'\r\n')
                s.flush()
                result=s.read(s.inWaiting())
        if phrase=='red':
         if s.isOpen():
                s.write('r'+'\r\n')
                s.flush()
                result=s.read(s.inWaiting())
        if phrase=='rainbow':
         thread=threading.Thread(target=rainbow_thread,args=())
```

```
            thread.start()
        if phrase=='hidari rainbow':
            if s.isOpen():
                    s.write('j'+'\r\n')
                    s.flush()
                    result=s.read(s.inWaiting())
        if phrase=='owari':
                    break
        if phrase=='fujisawa no tenki':
                    os.system('firefox \
http://weather.yahoo.co.jp/weather/jp/14/4610/14205.html')
        if phrase=='chizu':
                os.system('firefox https://maps.google.co.jp/')
os._exit(0)
```

IoT 裝置韌體的一部分如原始碼 8.2 所示。請用以下指令下載並編譯檔案。

```
$ wget $take/vc.tar
$ tar xvf vc.tar
$ cd vc
$ make
```

▼原始碼 8.2　語音控制 IoT 裝置的 sketch（vcneo.ino）

```
#define PINR 13
#define PINL 12
#define PINM 2
void setup()
{
Serial.begin(9600);
pinMode(PINR,OUTPUT);
pinMode(PINL,OUTPUT);
pinMode(PINM,OUTPUT);
digitalWrite(PINM,1);
}
void loop()
{
if(Serial.available()>0){
int c=Serial.read();
if(c=='r'){colorWipeR(stripR.Color(255,0,0),1);}
if(c=='g'){colorWipeR(stripR.Color(0,255,0),1);}
if(c=='b'){colorWipeR(stripR.Color(0,0,255),1);}
if(c=='w'){colorWipeR(stripR.Color(255,255,255),1);}
if(c=='y'){colorWipeR(stripR.Color(255,255,0),1);}
if(c=='p'){colorWipeR(stripR.Color(255,0,255),1);}
if(c=='c'){colorWipeR(stripR.Color(0,255,255),1);}
```

```
if(c=='d'){colorWipeR(stripR.Color(0,0,0),1);}
if(c=='0'){colorWipeL(stripL.Color(255,0,0),1);}
if(c=='1'){colorWipeL(stripL.Color(0,255,0),1);}
if(c=='2'){colorWipeL(stripL.Color(0,0,255),1);}
if(c=='3'){colorWipeL(stripL.Color(255,255,255),1);}
if(c=='4'){colorWipeL(stripL.Color(255,255,0),1);}
if(c=='5'){colorWipeL(stripL.Color(255,0,255),1);}
if(c=='i'){rainbowR(20);}
if(c=='j'){rainbowL(20);}
if(c=='7'){colorWipeL(stripL.Color(0,0,0),1);}
if(c=='m'){digitalWrite(PINM,0);}
if(c=='s'){digitalWrite(PINM,1);}
if(c=='f'){colorWipeR(stripR.Color(0,0,0),1);
           colorWipeL(stripL.Color(0,0,0),1);}
if(c=='n'){colorWipeR(stripR.Color(255,255,255),1);
           colorWipeL(stripL.Color(255,255,255),1);}
        }
}
```

8.2 Android 的語音辨識

這個 IoT 裝置也可以從 Android 設備進行控制。Android 用的 Python 程式「Voicecontrol.py」如**原始碼 8.3** 所示。

```
$ wget $take/Voicecontrol.py
```

▼原始碼 8.3　Android 用的 Python 程式（Voicecontrol.py）

```
import sys
import android
import time
a = android.Android()
uuid = '00001101-0000-1000-8000-00805F9B34FB'
print "connect client bt"
time.sleep(0.3)
ret = a.bluetoothConnect( uuid ).result
if not ret:
    a.makeToast( "bt not connected" )
    sys.exit( 0 )
while True:
        time.sleep(0.3)
        keyword = a.recognizeSpeech()
```

```
        print keyword[1]
        if keyword[1]=='left':
                a.bluetoothWrite("l")
        elif keyword[1]=='right':
                a.bluetoothWrite("r")
        elif keyword[1]=='Center':
                a.bluetoothWrite("c")
        elif keyword[1]=='exit':
                break
        elif keyword[1]=='quit':
                break
```

圖 8.1 所示為 IoT 裝置的電路圖，**圖 8.2** 所示為實裝照片。此處使用 NMOS 電晶體控制 MP3 播放器的電源。在原始碼 8.2 所示之 sketch 中，PINM 為 MP3 的控制輸出接腳，PINL 與 PINR 為 NeoPixel 的控制輸出接腳。

圖 8.1　IoT 裝置的電路圖

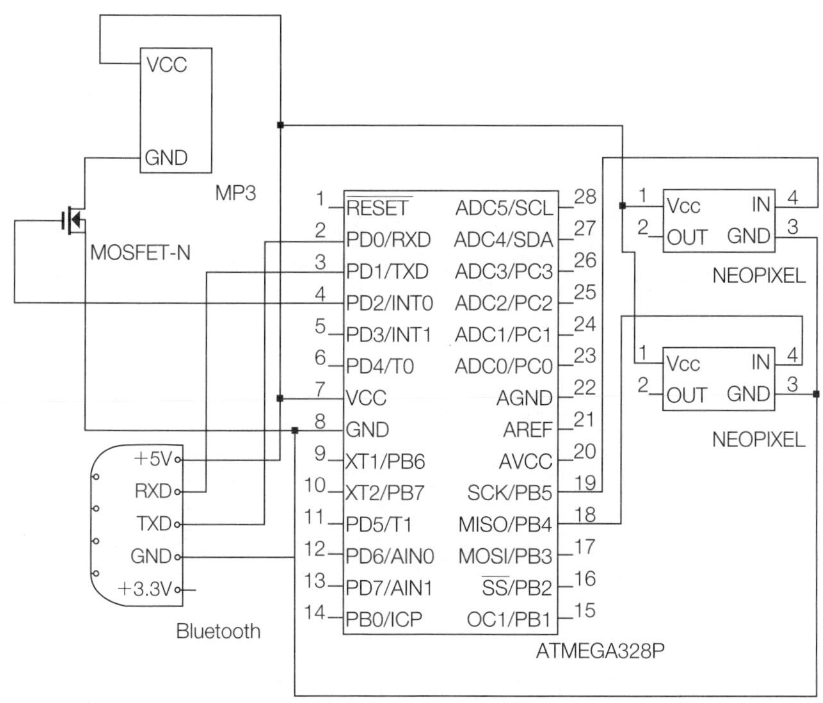

圖 8.2 IoT 裝置的實裝

8.3 Raspberry Pi2 的語音辨識

與原始碼 8.1 所示之 Windows 的語音辨識控制程式一樣，我們可以用**原始碼 8.4**（P.190）所示之程式「julius.py」來操作語音辨識 Julius。請執行以下指令來安裝 Julius 至 Raspberry Pi2。

```
$ sudo su
# mkdir /etc/julius
# mkdir /var/lib/julius
```

先下載 julius-4.3.1.tar.gz。

```
# tar xvf julius-4.3.1.tar.gz
# cd julius-4.3.1
# ./configure
# make
# make install
```

接下來下載 dictation-kit-v4.3.1-linux.tgz。

```
# tar xvf dictation-kit-v4.3.1-linux.tgz
# cd dictation-kit-v4.3.1-linux
# cp model/lang_m/bccwj.60k.htkdic /var/lib/julius/
```

```
# cp model/phone_m/jnas-tri-3k16-gid.binhmm /var/lib/julius/
# cp model/phone_m/logicalTri /var/lib/julius/
```

因為 Raspberry Pi2 沒有麥克風，所以需要使用 USB 音源轉接線來做麥克風輸入。之前曾有人使用過 CM108 晶片的 USB 音源轉接線轉接 Raspberry Pi2，所以筆者就從網路購入了。

將 USB 音源轉接線插上 Raspberry Pi2 後，執行下列指令。

```
$ sudo aplay -l     ←-l:負號及小寫的L
card 0: ALSA [bcm2835 ALSA]
```

card 0 顯示為 Raspberry Pi2 內建的 bcm2835。

請在 /etc/modules 檔案的第 1 行插入 snd-usb-audio 後，執行下列指令。

```
$ sudo modprobe snd-pcm-oss
$ lsusb
```

執行後，就會辨識出 USB 音源轉接線。

```
Bus 001 Device 004: ID 0d8c:013c C-Media Electronics, Inc. CM1
08 Audio Controller
```

請在 Raspbian Wheezy 使用編輯器，將 /etc/modprobe.d/alsa-base.conf 檔案的第 1 行做如下變更（將 index=-2 變更為 index=0）。

```
optionssnd-usb-audioindex=0
```

在 Raspbian Jessie 也同樣對 /lib/modprobe.d/aliases.conf 檔案做變更。

使用以下指令重新啟動 Raspberry Pi2，執行變更內容。

```
$ sudo reboot
```

請使用以下指令確認音源輸入／輸出的變更內容。如果 card 0 變成 bcm2835 之外的東西，那應該就沒有問題了。

```
$ sudo aplay -l
$ sudo arecord -l
```

請使用以下指令，整備音源輸入／輸出的環境。

```
$ apt-get install python-lxml espeak libespeak-dev espeakedit
espeak-data
$ apt-get install python-espeak tightvncserver mpg321 mpc puls
eaudio
$ apt-get install libasound2-dev python-alsaaudio
```

請在 /etc/profile 檔案插入以下 2 行程式。

```
export AUDIODEV=/dev/audio1
export ALSADEV=plughw:1,0
```

使用以下指令將麥克風輸入增益設定為 5。

```
$ amixer sset Mic 5
```

使用以下指令設定 PCM 增益。盡量把增益設定得低一點，可以減少雜音。

```
$ alsamixer
```

使用以下指令錄下自己的聲音再放出來，藉此調整麥克風增益與 PCM 增益。

```
$ sudo arecord -d 5 test.wav      ←錄下5秒的聲音，保存在test.wav檔案裡
$ sudo aplay test.wav             ←放出錄下的聲音
```

執行下列指令，設定 Bluetooth。

```
$ sudo apt-get install bluez python-gobject
```

使用以下指令，搜尋想連接的 Bluetooth 裝置位址。

```
$ hcitool scan
Scanning ...
        20:13:05:16:58:80       adxl345
```

使用以下指令，設定 PIN 碼。

```
$ bluez-simple-agent hci0 20:13:05:16:58:80
```

使用以下指令，連接 Bluetooth。

```
$ rfcomm connect hci0 20:13:05:16:58:80 &
```

使用以下指令，切斷連接。

```
$ rfcomm release hci0
```

成功的話，就來設定 Raspberry Pi2 的 Bluetooth。
設定 /etc/bluetooth/rfcomm.conf 的內容如下。

```
rfcomm0 {
        bind yes;
        device 20:13:05:16:58:80;
        channel 1;
        comment "connecting to bluetooth";
}
```

使用以下指令，開始 Bluetooth 服務。

```
$ sudo rfcomm bind all
$ sudo service bluetooth restart
```

下載 julius.tar。

```
$ wget $take/julius.tar
$ tar xvf julius.tar
$ cd julius
```

使用以下指令，顯示資料夾內的檔案。

```
$ ls
command  julius.conf  julius.py*  t.dic
```

使用以下指令，控制 IoT 裝置。接上 IoT 裝置的電源，確認 Bluetooth 的 LED 是否在閃爍。Raspberry Pi2 連接上 Bluetooth 的話，Bluetooth 的 LED 燈會從閃爍變為持續亮燈。

```
$ sudo ./julius.py -C julius.conf
start julius...
```

出現這個提示字元時，請說「開燈」，這樣IoT裝置的LED燈就會亮；說「關燈」，LED 就會關掉；說「結束」，程式就會結束。

julius.py 會被安裝在 julius 資料夾裡。

▼原始碼 8.4　語音辨識控制「Julius」（julius.py）

```
#!/usr/bin/python
import pyjulius
import Queue
import commands
import re,sys,os
from time import sleep
import serial
ss=serial.Serial("/dev/rfcomm0")
def grep(s,pattern):
    return \
'\n'.join(re.findall(r'^.*%s.*?$'%pattern,s,flags=re.M))
os.system('/usr/local/bin/julius -C /home/pi/julius/julius.conf \
-module 10500>/dev/null &')
sleep(3)
print 'start julius...'
client = pyjulius.Client('localhost', 10500)
try:
 client.connect()
except pyjulius.ConnectionError:
 print 'error in connection'
 os._exit(0)
client.start()
while 1:
 try:
  result = client.results.get(False)
 except Queue.Empty:
  continue
 s=grep(repr(result),'Word')
 if s!="":
  m=s.split(',')[2].split(')')[0].strip()
  if m=="owari":
   os.system("killall -9 julius")
   os._exit(0)
  elif m=="LightON":
     ss.write('n'+'\n')
     print m
  elif m=="LightOFF":
     ss.write('f'+'\n')
     print m
  else:print m
```

附錄

A.1 用 Python 製作簡單的 GUI

以下介紹如何用 Python 製作簡單的 GUI。平常在公開簡單易用的應用程式時，可能會有製作 GUI 的需求。

最簡單的 Python 的 GUI 是 easygui 程式館。以下介紹幾個 easygui 程式館的函數：ccbox、buttonbox、enterbox、choicebox、multenterbox、passwordbox。使用 easygui 程式館時，請用以下代碼把程式館叫出來。

```
from easygui import *
```

ccbox是2個按鍵的GUI。點擊「Continue」鍵是執行True，點擊「Cancel」鍵是執行else。

```
if ccbox('hello','hi'):print 'yes'
else:print 'exit'
```

圖 A.1　ccbox

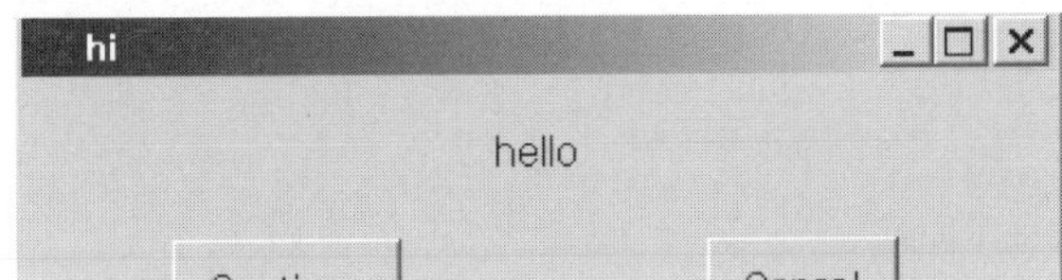

使用多個按鍵時，請用 choices 變數設定按鍵。點擊設定好的按鍵，就會把按鍵名代入變數 r。以下例來說，點擊「no」鍵時，r='no'。

```
r=buttonbox('hello','hi',choices=['yes','no','not_sure'])
```

圖 A.2 buttonbox

```
r=enterbox('hello','hi')
```

則是把輸入的字串代入變數 r。

圖 A.3 enterbox

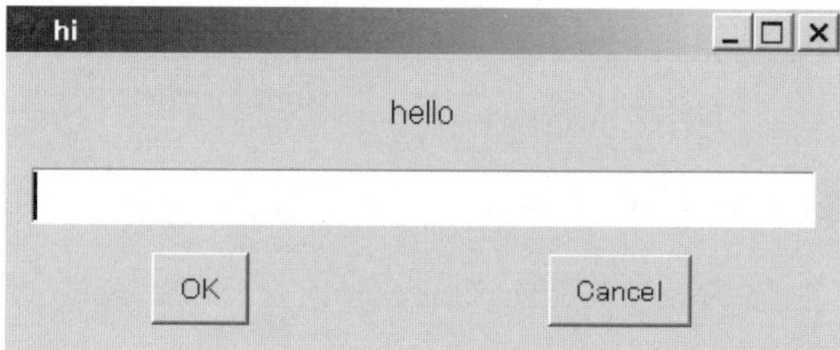


```
r=choicebox('hello','hi',choices=['candy','ice','milk','water'])
```

圖 A.4 choicebox

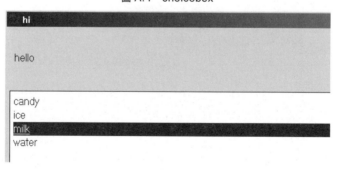


```
r=multenterbox('hi','hello',['name','address','age'],[])

print r
['takefuji', 'fujisawa', '60']
```

圖 A.5　multenterbox

```
r=passwordbox()

print r
'takefuji yoshiyasu'
```

圖 A.6　passwordbox

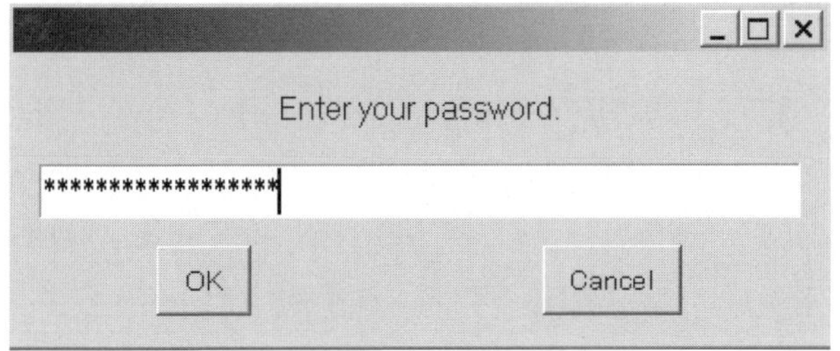

請各位自行把本書中製作的應用程式 GUI 化，可以更方便地使用哦！

A.2 Sigfox（IoT 裝置專用的 LPWAN）

最近以歐洲為中心，LPWAN（Low Power Wide Area Network）正在快速地擴散中。日本及美國也開始了它的實驗或正式運用。LPWAN 領域的主要競爭者為 Sigfox、LoRa、Ingenu 等公司。遺憾的是，目前並沒有提供 LPWAN 技術的日本企業。這裡為各位介紹 uplink 專用的 Sigfox，據說通訊距離可以達到 30km。因為 IoT 只有 uplink，所以不可能經由外部網路入侵 IoT 裝置。Sigfox 通訊會直接將數據上傳雲端，而在日本是使用 920MHz 頻寬。

在法國有高達 500 萬臺以上的 Sigfox 裝置，一年的使用費約為 150 日圓。該裝置速度約為 2 ～ 3 秒一次，一次可以送出 24 個文字（12 位元）。一天最多可送出 140 筆訊息。

日本慶應義塾大學的湘南藤澤校區（SFC）與 Kyocera Communication System 共同進行實驗，為日本最初的 Sigfox 存取點（2016 年 2 月）。筆者家與 SFC 存取點的直線距離超過 2.1km 以上，但是從筆者家送出數據完全沒有問題。送出的數據可以經由雲端存取。

筆者自作了送訊專用的 Python 程式（sigfoxtx.py），如下。筆者實驗用的 PC 上，Sigfox USB 裝置的序列號碼為 COM38，所以是用 s=serial.Serial（'com38',9600）。PC 與 Sigfox 裝置間的序列通訊速度為 9600 鮑率。如果是 Raspberry Pi2 的話，則是用 s=serial.Serial（'/dev/ttyUSB0',9600）。

```
$ cat sigfoxtx.py
import os
import serial
s=serial.Serial('com38',9600)
a=raw_input("enter: ")
b=a.encode('hex')
s.write('AT$SS='+b+'\r\n')
os._exit(0)
```

送訊時，請執行下列指令。

```
$ python -i sigfoxtx.py
```

接下來介紹從 Sigfox 雲端取出數據的程式（sigfoxget.py）。

Sigfox 公司會給 userID 與 PASSWORD，另外還要準備 Sigfox 裝置的 ID。請由 Sigfox 的雲端下載 messages 檔案（雲端保存有傳送過去的數據）。

https://backend.sigfox.com/api/devices/1bcd9/messages の 1bcd9 為裝置 ID。在存取 Sigfox 的雲端時，要事先準備好 userID、PASSWORD 與裝置 ID。

```
$ cat sigfoxget.py
import os
cmd='rm messages'
os.system(cmd)
cmd='wget https://backend.sigfox.com/api/devices/1bcd9/messages
--http-user=userID --http-password=PASSWORD'
os.system(cmd)
from subprocess import *
r=check_output('grep data messages|sed -n "2p"|cut -d "," -f 1|cu
t -d ":" -f 2',shell=True)
print r.split('"')[1].decode('hex')
os._exit(0)
```

使用以下命令可以從 Sigfox 雲端取得被送出的數據。

```
$ python -i sigfoxget.py
```

使用 Sigfox 裝置時，天線要與地面垂直。

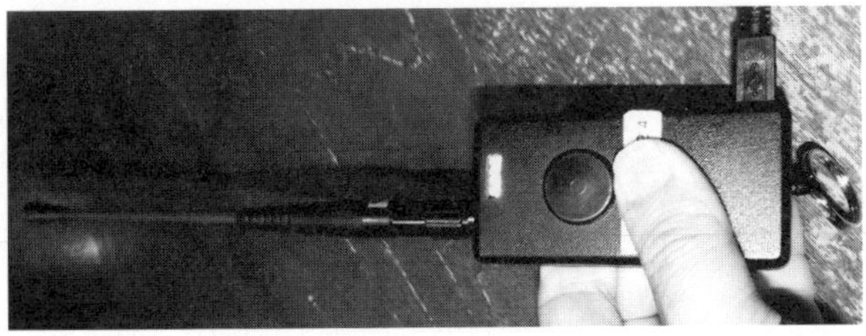

用AVR微電腦與Python開始做IoT裝置的設計與實裝

AVRマイコンとPythonではじめよう IoTデバイス設計・実装

作　　者／武藤佳恭
譯　　者／程永佳
系列主編／井楷涵
執行編輯／Emmy
行銷企劃／莊澄蓁
版面構成／蔡伯廷

出　　版／泰電電業股份有限公司
地　　址／臺北市中正區博愛路七十六號八樓
電　　話／(02)2381-1180
傳　　真／(02)2314-3621
劃撥帳號／1942-3543 泰電電業股份有限公司
馥林官網／www.fullon.com.tw

總經銷／時報文化出版企業股份有限公司
電　　話／(02)2306-6842
地　　址／桃園縣龜山鄉萬壽路二段三五一號
印　　刷／博克斯彩藝有限公司

國家圖書館出版品預行編目資料

用 AVR 微電腦與 Python 開始做 IoT 裝置的設計與實裝 / 武藤佳恭著 ; 程永佳譯 . -- 初版 . -- 臺北市 : 泰電電業 , 2019.03
面 ;　公分
譯自 : ＡＶＲマイコンとＰｙｔｈｏｎではじめよう : ＩｏＴデバイス設計・実装
ISBN 978-986-405-062-8(平裝)
1. 系統程式 2. 電腦程式設計

312.52　　108001943

■2019年3月初版
定　　價／520元
ISBN／978-986-405-062-8